新型职业农民培育系列教材

——果树系列

果树设施栽培技术

赵晨霞　程建军　徐家财　主编

中国农业大学出版社

·北京·

内 容 简 介

　　本书介绍了果树设施类型、功能、建造特点及环境条件的调控方法，并分别介绍了樱桃、草莓、葡萄、桃、李、杏等树种，在日光温室栽培条件下的品种选择、生长结果习性、栽培技术要点及周年工作历，可以使农民了解日光温室栽培的适宜品种，理解日光温室条件下，各种果树环境调控的基本原理，学会主要果树设施栽培的技术要点。农民参照各种果树日光温室工作历，就可以进行各种果树日光温室栽培技术的具体操作。

图书在版编目(CIP)数据

　　果树设施栽培技术/赵晨霞，程建军，徐家财编著，—北京：中国农业大学出版社，2015.2

　　ISBN 978-7-5655-1184-4

　　Ⅰ．①果…　Ⅱ．①赵…　Ⅲ．①果树园艺–设施农业　Ⅳ．①S628

　　中国版本图书馆 CIP 数据核字(2015)第 037753 号

书　　名	果树设施栽培技术			
作　　者	赵晨霞　程建军　徐家财　主编			
策划编辑	张　蕊　陈肖安　汪春林		**责任编辑**	王笃利
封面设计	郑　川		**责任校对**	王晓凤
出版发行	中国农业大学出版社			
社　　址	北京市海淀区圆明园西路 2 号		**邮政编码**	100193
电　　话	发行部 010 62818525，8625		**读者服务部**	010 62732336
	编辑部 010 62732617，2618		**出　版　部**	010 62733440
网　　址	http://www.cau.edu.cn/caup		**e-mail**	cbsszs @ cau.edu.cn
经　　销	新华书店			
印　　刷	北京俊林印刷有限公司			
版　　次	2015年12月第1版　2015年12月第1次印刷			
规　　格	850×1 168　32 开本　4.5 印张　105 千字			
定　　价	16.00 元			

图书如有质量问题本社发行部负责调换

编写人员

编　著　赵晨霞　程建军　徐家财

参　编　曹春英　陈肖安　王青立

前　言

　　农民是农业生产经营主体。开展农民教育培训，提高农民综合素质、生产技能和经营能力，是发展现代农业和建设社会主义新农村的重要举措。党中央、国务院高度重视农民教育培训工作，提出了"大力培育新型职业农民"的历史任务。为贯彻落实中央的战略部署，提高农民教育培训质量，同时也为各地培育新型职业农民提供基础保障——高质量教材，我们遵循农民教育培训的基本特点和规律，编写了《果树设施栽培技术》培育教材。

　　随着社会主义新农村建设的推进和农业结构的调整，在我国广大农村果树设施栽培技术稳步发展，草莓、樱桃、葡萄、桃、杏、李等设施栽培技术逐渐成熟，并深受果农的欢迎。果树设施栽培技术的发展与推广，为季产年销的果品周年供应延伸了季节，为都市农业环境中的观光采摘开辟了新的渠道，为增加果品的附加值打通了新的市场。

　　《果树设施栽培技术》是新型职业农民培育系列教材之一。本书介绍了果树设施类型、功能、建造特点及环境条件的调控方法，并分别介绍了樱桃、草莓、葡萄、桃、李、杏等树种，在日光温室栽培条件下的品种选择、生长结果习性、栽培技术要点及周年工作历，涵盖了果树设施栽培的各个环节和关键技术，通俗易懂，具有很强的针对性和实用性，是新型职业农民培训的专用教材，也可作为果树生产人员、技术人员和管理人员培训的教材和参考用书。

　　本书由北京农业职业学院赵晨霞与程建军教授及广丰县泉波镇农业技术推广站徐家财站长编著。潍坊职业学院曹春英、农业部科技教育司王青立和原农业部农民科技教育培训中心陈肖安等同志对教材内容进行了审定，在此一并表示感谢。

　　由于编者水平有限，加之时间仓促，教材中不妥和错误之处在所难免。衷心希望广大读者提出宝贵意见，以期进一步修订和完善。

编　者

2014 年 7 月

目　　录

一、果树设施建造 ……………………………………… 1

（一）塑料大棚结构及性能 …………………………… 1

　　1．什么是果树设施栽培？ ………………………… 1

　　2．多柱式塑料大棚的结构是什么？ ……………… 1

　　3．悬梁吊柱式塑料大棚的结构是什么？ ………… 2

　　4．无柱式塑料大棚的结构是什么？ ……………… 3

（二）塑料大棚的环境 ………………………………… 4

　　5．大棚内空气温度的变化有什么特点？ ………… 4

　　6．大棚内光照的变化有什么特点？ ……………… 5

　　7．大棚内的湿度变化有什么特点？ ……………… 6

　　8．大棚内二氧化碳浓度如何变化？ ……………… 7

（三）塑料大棚设计要点 ……………………………… 7

　　9．如何选择塑料大棚的建设场地 ………………… 7

　　10．如何进行塑料大棚总体设计和场地布局？ …… 8

　　11．如何确定大棚总体结构？ ……………………… 9

（四）日光温室及其环境 ……………………………… 10

　　12．日光温室的特点有哪些？ ……………………… 10

　　13．日光温室的基本构造有哪些？ ………………… 10

　　14．日光温室的基本类型有哪些？ ………………… 12

　　15．日光温室的环境如何变化？ …………………… 14

　　16．日光温室设计要点有哪些？ …………………… 17

　　17．日光温室采光设计要点有哪些？ ……………… 18

　　18．日光温室的保温设计要点有哪些？ …………… 19

（五）果树设施栽培的关键技术 ……………………… 21

19．如何选择适宜的品种？ ………………… 21

20．栽植密度如何确定？ …………………… 21

21．树形选择有哪些？ ……………………… 22

22．修剪的关键技术有哪些？ ……………… 23

23．促进花芽分化有哪些方法？ …………… 23

24．解除休眠有哪些方法？ ………………… 25

25．如何控制温度和湿度？ ………………… 26

26．如何进行果品的采收？ ………………… 27

27．如何进行果品的分级包装？ …………… 29

28．如何进行短期保鲜？ …………………… 30

二、草莓设施栽培 ……………………………………… 34

（一）品种选择 ………………………………………… 34

29．如何选择草莓的品种？ ………………… 34

（二）生长结果习性 …………………………………… 34

30．草莓的生长特性如何？ ………………… 34

31．草莓的开花结果习性有哪些？ ………… 36

32．对环境条件有何要求？ ………………… 36

（三）栽培管理技术 …………………………………… 37

33．半促成栽培的方式和特点有哪些？ …… 37

34．促成栽培的方式和特点有哪些？ ……… 37

35．延迟栽培的方式和特点有哪些？ ……… 37

36．升温时期如何控制？ …………………… 38

37．休眠如何控制？ ………………………… 39

38．如何确定栽植时期？ …………………… 39

39．如何确定栽植方式、密度？ …………… 40

40．如何进行肥水管理？ …………………… 41

41．如何进行植株管理？ …………………… 41

42．如何进行温、湿度控制？ ……………… 41

43．如何进行病虫害防治？ ……………………………… 42

44．草莓设施栽培的关键技术有哪些？ ………………… 47

（四）草莓设施栽培工作历 ………………………………… 48

45．草莓设施栽培周年如何管理？ ……………………… 48

三、樱桃设施栽培 ……………………………………………… 50

（一）品种选择 ……………………………………………… 50

46．如何选择樱桃的优良品种？ ………………………… 50

（二）生长结果习性 ………………………………………… 51

47．樱桃的生长特性如何？ ……………………………… 51

48．樱桃的结果习性如何？ ……………………………… 51

49．樱桃对环境要求如何？ ……………………………… 51

（三）栽培管理技术 ………………………………………… 52

50．樱桃的栽植密度如何？ ……………………………… 52

51．樱桃的授粉树如何配置？ …………………………… 53

52．如何进行定植前准备？ ……………………………… 53

53．栽植到扣棚升温前如何管理？ ……………………… 53

54．扣棚与升温期如何管理？ …………………………… 57

55．扣棚升温后如何管理？ ……………………………… 57

56．樱桃设施栽培的关键技术有哪些？ ………………… 60

（四）樱桃设施栽培工作历 ………………………………… 60

57．樱桃设施栽培如何进行周年管理？ ………………… 60

四、葡萄设施栽培 ……………………………………………… 64

（一）品种选择 ……………………………………………… 64

58．葡萄设施栽培选择的原则和依据？ ………………… 64

59．适于设施栽培的优良品种有哪些？ ………………… 64

（二）生长结果习性 ………………………………………… 65

60．葡萄的根系及特性有哪些？ ………………………… 65

61．葡萄的枝蔓类型及特性有哪些？ …………………… 65

62．葡萄的芽类型及特性有哪些？ …………… 66

63．葡萄的年生长发育特性有哪些？ ………… 68

64．葡萄对环境条件有哪些要求？ …………… 68

（三）栽培管理技术 ……………………………… 68

65．葡萄的一年一栽制如何进行？ …………… 68

66．葡萄的多年一栽制如何进行？ …………… 69

67．定植至休眠前如何管理？ ………………… 69

68．休眠期如何管理？ ………………………… 70

69．休眠期如何施基肥？ ……………………… 70

70．休眠期如何整形修剪？ …………………… 71

71．低温促休眠有哪些方法？ ………………… 73

72．催芽期如何管理？ ………………………… 73

73．萌芽至开花前如何管理？ ………………… 74

74．开花期如何管理？ ………………………… 76

75．浆果生长期如何管理？ …………………… 77

76．浆果成熟期如何管理？ …………………… 78

77．采收后如何管理？ ………………………… 78

78．葡萄设施栽培的关键技术有哪些？ ……… 78

（四）葡萄设施栽培工作历 …………………… 80

79．葡萄设施栽培周年如何管理？ …………… 80

五、桃树设施栽培 ……………………………… 84

（一）品种选择 …………………………………… 84

80．品种选择的原则有哪些？ ………………… 84

81．主要优良品种有哪些？ …………………… 85

（二）生长结果习性 ……………………………… 88

82．桃树的生长特性有哪些？ ………………… 88

83．桃树结果习性有哪些？ …………………… 89

84．桃树对环境条件要求有哪些？ …………… 90

（三）栽培管理技术 ……………………………………90

85．桃树栽培方式与密度有何特点？…………90

86．栽植当年成花技术有哪些？………………91

87．休眠与升温时间如何控制？………………94

88．温、湿度如何控制？………………………95

89．升温后如何进行整形修剪？………………97

90．升温后如何进行肥水管理？………………98

91．升温后如何进行花果管理？………………99

92．升温后如何进行病虫防治？………………100

93．桃树设施栽培关键技术有哪些？…………101

（四）桃树设施栽培工作历 ……………………………102

94．桃树设施栽培如何进行周年管理？………102

六、杏树设施栽培 ………………………………………107

（一）品种选择 …………………………………………107

95．适宜设施栽培的品种有哪些？……………107

（二）生长结果习性 ……………………………………108

96．生物学特性有哪些？………………………108

（三）栽培管理技术 ……………………………………108

97．栽植方式、密度及配置授粉树有哪些
技术要点？………………………………108

98．定植当年如何进行缓苗、肥水管理？……109

99．定植当年如何进行树体管理？……………109

100．定植当年怎样扣棚升温？…………………111

101．扣棚升温后如何管理？……………………111

102．杏树设施栽培的关键技术有哪些？………113

（四）杏树设施栽培工作历 ……………………………114

103．杏树设施栽培周年如何管理？……………114

七、李树设施栽培 ································· 117

（一）品种选择 ································ 117

104. 品种选择的依据是什么？ ············· 117

105. 优良品种有哪些？ ···················· 117

（二）生长结果习性（与桃树比较） ········ 118

106. 生长特性有哪些？ ···················· 118

107. 开花结果习性有哪些？ ················ 118

（三）栽培管理技术 ······················ 119

108. 栽植方式和密度有哪些特点？ ········ 119

109. 对苗木的要求有哪些？ ················ 119

110. 如何进行授粉树配置？ ················ 119

111. 土壤改良与促活技术有哪些？ ········ 120

112. 栽植到扣棚升温前如何培养树形？ ···· 120

113. 栽植到扣棚升温前如何进行肥水管理？ ··· 121

114. 如何进行扣棚及升温？ ················ 122

115. 扣棚升温后如何进行温、湿度管理？ ··· 122

116. 扣棚升温后如何进行整形修剪？ ······ 123

117. 扣棚升温后如何进行花果管理？ ······ 124

118. 扣棚升温后如何进行肥水管理？ ······ 124

119. 扣棚升温后如何进行病虫防治？ ······ 124

120. 李树设施栽培的关键技术有哪些？ ···· 127

（四）李树设施栽培工作历 ·············· 128

121. 李树设施栽培周年如何管理？ ········ 128

参考文献 ····································· 131

一、果树设施建造

（一）塑料大棚结构及性能

1. 什么是果树设施栽培？

果树设施栽培是在一定的设施如温室、大棚等条件下，创造人为可控制的温度、湿度和气体等环境条件下，改变果树正常的生育周期，使果品的成熟期提前或延后，从而达到周年供应市场的栽培形式。

2. 多柱式塑料大棚的结构是什么？

竹木结构、由立柱、拉杆、拱杆和压杆组成骨架（图1-1）。跨度达到6～12 m，矢高2.5～3 m，长50 m左右，立柱取材于毛竹或木材，直径5～6 cm，深埋土中35～40 cm，基部最好垫一块砖，以免不均匀沉陷。每排立柱的多少由大棚的宽度而定，一般6～8根，以大棚脊为中心轴线，向两侧对称地由高到低配置，使拱杆呈均匀的弧。大棚两侧的立柱应向外倾斜，与地平面夹角60°～70°，以支撑大棚肩部，使其有一定的向外支撑力。拉杆，也称纵梁，实际上相当于檩条。拉杆直径4～5 cm，拱杆直径3 cm左右，既有一定强度，又易于弯成弧形。拱杆之间的间距60～80 cm，过宽影响抗风能力，易出现棚顶"洼兜"。拱杆的作用是支撑棚膜。塑料薄膜的外侧必须有压杆，压杆的作用是将棚膜绷紧拉平，以防棚内兜风，压杆以直径3 cm左右的细竹竿为宜，细竹竿弹性较大。压杆也可使用 8# 铅丝或压膜线。

适用于我国北方地区春提前或秋延后樱桃、葡萄、桃等果树的生产。

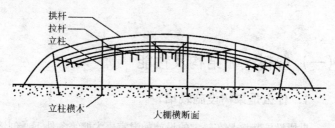

图 1-1　竹木结构多柱式大棚

3. 悬梁吊柱式塑料大棚的结构是什么？

在多柱式塑料大棚的基础上，以横梁代替拉杆，增设短柱，减少立柱。即在立柱之间相当于拉杆的位置上设置一道横梁，在横梁上每隔 1 m 距离固定一短柱，拱杆固定在短柱上，成为"悬梁吊柱"（图 1-2）。跨度 8～10 m，矢高应在 2.5 m 以上，长 40～

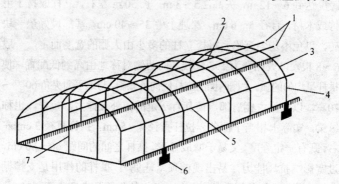

图 1-2　悬梁吊柱式大棚

1. 悬梁　2. 吊柱　3. 拱杆　4. 边柱　5. 拉杆　6. 地锚　7. 立柱

60 m。它同普通竹木结构多柱式大棚比减少了立柱，作业方便，而且造价较低。适用于我国北方地区葡萄、樱桃、桃等的半促成栽培。

4. 无柱式塑料大棚的结构是什么？

无柱式塑料大棚又称边柱空心式大棚。有装配式镀锌薄壁钢塑料大棚（图1-3）和无柱式钢架大棚（图1-4）。

装配式镀锌薄壁钢塑料大棚跨度一般为 6～10 m，矢高 2.4～3 m，长为 50 m 左右，用直径 22 mm×（1.2～1.5）mm 薄壁钢管制作拱杆、拉杆、立杆，经热镀锌可使用 10 年左右。塑料薄膜的固定主要用卡膜槽。这种大棚空间较大，无支柱，作业方便，而且遮阴面积少，光照充足，主要适用于北方地区进行桃、樱桃和葡萄等果树的半促成栽培。

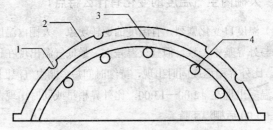

图1-3 装配式塑料大棚

1. 固定薄膜压槽 2. 薄膜 3. 拱架 4. 纵向拉筋

无柱钢架式塑料大棚：跨度一般为 8～14 m，矢高为 2.6～3 m，每隔 1 m 设一道桁架，桁架上弦用直径 16 mm 的钢筋，下弦用直径 14 mm 的钢筋，拉花用直径 12 mm 的钢筋焊接而成，桁架下弦用 5 道直径 16 mm 钢筋纵向拉筋。塑料薄膜用压膜线或 8 号铅丝压紧。棚内无支柱，光照充足，作业方便，而且可拆卸，但造价稍高。主要用于北方地区葡萄、樱桃和桃的半促成栽培。

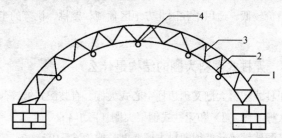

图 1-4 无柱式塑料大棚

1. 上弦 2. 下弦 3. 拉花 4. 纵向拉筋

（二）塑料大棚的环境

5. 大棚内空气温度的变化有什么特点？

（1）温度日变化剧烈，有温度的逆转现象 大棚内温度日变化趋势与外界基本一致，但昼夜温差大，最低气温出现在日出前1～2 h。比外界稍迟或同时出现，持续时间短，棚内气温回升快。最高气温多出现在 12:00—13:00，比外界稍早或同时出现，午后14:00—15:00 后棚温下降。

棚内昼夜温差幅度大，12 月下旬至 2 月中旬，在 10～15℃，3—9 月 20～30℃，且晴天日温差比阴天日温差大得多，阴天日温差小，气温日变化平缓。

大棚的增温效果随天气条件而异，晴天增温显著，阴天增温不显著。阴天棚内平均增温 3℃，最低温度增温 2℃，最高温度增温5℃；多云天则相应为：14℃、4℃和18℃；晴天则相应为：20.5℃、11.5℃和35℃。

（2）棚内气温水平分布不均匀　棚内气温不论是白天还是夜间，中部、中南部位温度最高，白天中北部位温度最低，夜间则西北、东南角均较低。就日平均气温而言趋势与白天基本一致，中部、中南部温度高，边缘，尤其是北部温度最低。

在我国北方地区，尤其是东北地区，由于棚内气温水平分布不均匀，在靠近棚膜的边缘 1～2 m 处，出现一个低温带，这便是所谓的"边际效应"。该低温带内气温一般比中央地段低 2～3℃。

（3）地温　棚内外土壤温度的季节变化趋势是一致的。从 10 月到翌年 5 月棚内浅层土温比棚外高 5℃左右。晚秋 10 月，棚内地温仍可维持在 10～21℃；初冬 11 月上旬，棚内地温低于 10℃；1 月上旬至 2 月中旬浅层土壤温度 0～2℃，夜间表土层冻结，白天解冻；至 3 月下旬，土温回升至 13～23℃；4 月上旬至 6 月上、中旬，大棚内因作物生长旺盛地温回升缓慢。6 月，棚内地温可达 30℃，但比棚外裸地的低。

大棚内浅层土壤温度的日变化与棚内气温日变化一致，但最高、最低地温出现的时间偏晚 2 h 左右。晴天时日变化大，阴天时日变化小。

棚内浅层土温的水平分布也不均匀，中部的地温比周边部位的高。

6. 大棚内光照的变化有什么特点？

（1）棚内光照强度存在季节差异　棚内光照强度自春至夏，随着太阳高度角的增大而增强的，透光率一般在 50%～60%（表 1-1）。

表1-1　各月份大棚内地面光照强度（南北延长）

光照参数	月　份				
	3～4	4～5	5～6	6～7	7～8
光照强度（lx）	15 732	22 200	20 626	30 800	31 920
透光率（%）	50	47	53	59	59

（2）棚内光照强度与覆盖薄膜的质地和使用时期及管理有关常用的覆盖塑料薄膜有聚乙烯薄膜和聚氯乙烯薄膜两种。同是新的、厚度相同（0.1 mm）干洁的聚氯乙烯薄膜在可见光波段的透光率为 86%～88%，而聚乙烯则为 71%～80%。塑料薄膜在使用一段时间以后由于老化、吸尘、结露等，透光率会逐渐下降，但下降的速度与薄膜的质地有关。例如，一块普通的聚氯乙烯薄膜，原始透光率为 90%，使用 60 d 后降为 55%，一年后仅为 15%；而一块聚乙烯防尘薄膜，原始透光率也为 90%，使用 60 d 后透光率仍可达到 82%，一年后达到 58%。

薄膜沾着水滴会使透光率大大降低，例如，干、洁薄膜透光率为 90%，1～2 mm 直径水滴布满薄膜时，透光率降为 62%；2～3 mm 直径水滴布满时，透光率降为 57%。所以，在生产实践上要使用无滴膜。无滴薄膜可以使附着在薄膜上的水珠破碎形成一薄层水流，顺着薄膜流到土壤中，对透光率影响很小。

7. 大棚内的湿度变化有什么特点？

大棚内是高湿环境，棚内空气湿度大大高于棚外，晴天闭棚时尤甚，3～9 月份，棚内相对湿度白天一般可达到 50%～60%，夜间经常在 90% 左右，相对湿度达 100% 也不少见，遇到连续阴天棚内湿度更大，易诱发病害。

棚内相对湿度的水平分布特点是周边部位比中央部位高约

10%，这与气温分布正好相反。

通风和灌溉对棚内空气相对湿度影响很大，前者降湿，后者增湿。

8. 大棚内二氧化碳浓度如何变化？

在 18:00 闭棚后，棚内二氧化碳浓度逐渐增加，到 22:00 达 67 mL/m^3，至日出升到 70 mL/m^3，达到最高峰。日出后尚未通风，二氧化碳浓度急剧下降，以后二氧化碳浓度很快降至 30 mL/m^3 以下，至 9:00 通风前达到最低值仅 10 mL/m^3 左右。9:00 后通风，二氧化碳浓度回升，但仍在 30 mL/m^3 以下，比室外大气中的浓度低。所以大棚内二氧化碳含量在白天是亏缺的。

大棚内二氧化碳浓度的水平分布也是不均匀的（表 1-2），中部高，边缘低。

表 1-2　大棚各部位二氧化碳浓度日变化　　μL/L

时间	中部	边缘
8:00—10:00	670	280
10:00—12:00	270	240
12:00—14:00	220	180
14:00—16:00	320	200
16:00—17:00	250	200
17:00 以后	320	500

（三）塑料大棚设计要点

9. 如何选择塑料大棚的建设场地

选择建棚场地是第一道程序。由于大棚有一定的使用年限，如竹木结构 3～5 年，水泥、钢材结构在 10 年以上，一旦建成后不可能随意挪动，因此选择建棚场地时要考虑周密细致，要注意场地的以下几个条件。

（1）光照充足　选择地势开阔、平坦，东、南、西三面无高大建筑物及树林遮阴。

（2）土壤肥沃，地下水位高　宜富含腐殖质的壤土，且排水良好，若在低洼地区，应注意开挖排水沟。

（3）灌溉条件　要求有充足的水源以利灌溉。

（4）交通便利　便于生产资料和农产品的运输，离居民点尽可能近些。

（5）避免污水、有害气体，烟尘污染　离工厂远些。此外应远离高压线。

10. 如何进行塑料大棚总体设计和场地布局？

场址选定以后就应根据生产规模，大棚的栋数和辅助设备等，进行总体规划。首先要绘制出总体规划图，以便施工。注意以下几点。

（1）辅助设施建设要便于日常管理　诸如工作间、配电室、生产资料库、产品临时贮藏库等辅助设施建设不应偏于一角，以方便日常管理使用。

（2）规划棚距　南北延长大棚，南北两棚棚头间距是棚脊高的 0.8～1.5 倍，东西两棚棚边间隔 1.5～2 m，以免前后棚相互遮阴，又提高土地利用率。

（3）棚群规划原则　若规模较小的棚群，可对称、整齐排列，东西成行，南北成列；若棚群规模较大，则应错落有致排列，以创造既通风，又抗风，又采光的环境条件。

11. 如何确定大棚总体结构？

大棚的总体结构包括大棚面积，跨度与长度，高度等。

（1）大棚面积　目前我国竹木结构的大棚，单栋面积为 1～1.5 亩（1 亩≈667 m²），钢架为 1.5～2 亩。适用于果树栽培的可以适当大一些。

（2）大棚跨度　要考虑建筑材料和栽培管理两个方面。竹木结构的和管架的以 12 m 为宜；钢架棚以 15 m 为宜。一般不宜超过 15 m，棚体过大，易遭风雪破坏；棚体过小，土地利用率低，单位面积造价高。

（3）大棚长度　以 50～60 m 为宜，超过 100 m 不仅管理不方便，而且棚内通风不畅，湿、热空气不易排出。

（4）大棚的高度　包括脊高（顶高）和肩高（两侧高）。跨度和长度确定后，高度决定了大棚的空间，高度高采光固然好，但保温差，"扒缝"操作困难，还影响结构强度和用材。一般竹木结构多柱式大棚，如在大棚中央采取人工"扒缝"通风的，脊高 1.8～2.2 m 为宜；钢架棚脊高 2.8～3.4 m，超过 3 m 的不便于人工徒手"扒缝"通风，最好有天窗机械装置。肩高过矮，棚内通风不良，又影响人工作业；但过高，不仅造价高，而且减弱结构强度，肩高 1.5 m 左右为宜。

（5）跨拱比　所谓跨拱比是指跨度与脊肩高之差的比值，即：

$$跨拱比＝\frac{跨度}{脊高－肩高}$$

跨拱比的大小表示大棚顶面的形状，跨拱比大，顶面平坦，棚顶坡度小，积雪不易自然下落，且容易兜积雨水，损坏棚膜，塑料薄膜不易压紧，遇风上下扇动。所以跨拱比不宜过大，以 8～

10 为宜，超过 15 时易遭风雪灾害。

（6）大棚的保温比　所谓保温比是栽培床面积与覆盖的棚膜面积之比。保温比大，表示覆盖的棚膜面积比例小，虽然夜间放热量小了，但白天接受太阳辐射能的面积也小。反之，保温比大，散热面积大，不利于保温。保温比以 0.6～0.7 为宜。

（7）大棚的通风量　目前我国大棚采用自然通风，即顶部延大棚长方向开中缝，东西两侧延大棚方向各开一条侧缝进行通风，通风口的大小可以根据当时棚内外温湿度状况灵活掌握。

（四）日光温室及其环境

12. 日光温室的特点有哪些？

这是一种单屋面中小型温室，基本上不需要人工加热，而主要依靠白天积蓄太阳能，夜间严密保温，来维持作物所需要的温度。由于这种温室造价低，取材方便，节省能源，采光性、保温性好，经济效益高，因而受到农民的普遍欢迎，近些年来发展很快。日光温室的类型很多，本书仅介绍目前在我国北方农村应用比较普遍的节能型日光温室。

13. 日光温室的基本构造有哪些？

日光温室由三部分组成，即墙体、前屋面和后屋面（图 1-5）。

（1）墙体　日光温室墙体由北墙和东西山墙组成。一般用砖、夯实的土或草泥垛筑成，主要用于支撑屋面、防止冷空气进入、阻挡室内外的热量交换，是温室的保护部分。墙体宽度根据当地冬季气温而定，北方一、二月间气温在－25℃以下地区，墙体宽度为

40～50 cm，砌成空心墙更有利于保温；一、二月间气温高于－25℃以上地区，墙体宽度可适当缩小。北墙高度一般为 2.5～3.0 m，距墙基 1.5 m 左右高度处，每间隔 4 m 设一长宽各为 50～60 cm 的通风窗。温室宽度 7.5～8.0 m，长度最长不超过 100 m（温室过大保温效果差），最短不小于 30 m（温室过小单位面积造价高）。

（2）前屋面　是日光温室的采光部分，由透明覆盖物和拱架组成。为了防止温室内热量的散失，常在前屋面上覆盖一层草苫、苇帘和保温被等保温覆盖物。早晨太阳升起以后，将覆盖物卷起置于后屋面上，以保证阳光直接射入温室内；下午在日落前，将覆盖物放下，防止温室内热量的散失。

（3）后屋面　由柁、檩、椽组成支架，其上铺上秸秆、草泥、煤渣或水泥预制板等。其作用是连接前屋面和墙体，以及保温和承重。

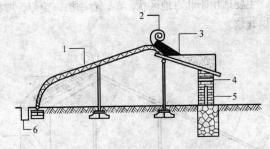

图 1-5　钢筋架日光温室侧视图

1. 前屋面　2. 草帘　3. 后屋面　4. 北墙　5. 保温层　6. 防寒沟

日光温室的棚面框架可因地制宜采用钢材、木材、竹子、水泥等制作。钢材制作框架，常用直径 16 mm 和 12 mm 圆钢焊接成双拱形花钢筋架，粗钢筋在上，细钢筋在下，两者之间距离约 20 cm，用直径 10 mm 圆钢呈"人"字形连接，也可采用 6 分钢管焊接成单根拱形架。架距一般为 60～80 mm，冬季雪大的地区架距稍小，冬季不易积雪的地区架距稍大。双拱形花钢筋架，由于抗压强度大，中间可不设立柱或设一根立柱；单根拱形钢管架，中间需要设 2～3 根立柱。拱架前部呈圆弧形垂直落地，拐弯处至少高出地面 1.1 m。

14. 日光温室的基本类型有哪些？

（1）一斜一立式日光温室（图1-6）　跨度一般为 7.5～8.0 m，矢高 3.0～3.5 m。后墙用砖或土夯实筑成，高 2.0～2.5 m，后屋面长 1.5～2.0 m，用秸秆、草泥覆盖。温室的前屋面和后屋面分别由腰柱和中柱支撑，前立窗高 0.8～1.1 m。前屋面框架一般由木杆或竹竿作骨架。这种温室的特点是采光较好，升温快，保温性能较好，结构简单，造价低，但由于有支柱，所以室内作业稍有不便。主要适用于北方地区秋、冬、春季桃、葡萄、樱桃和草莓等果树栽培。

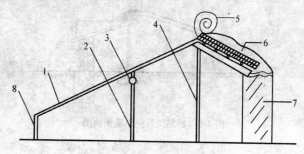

图 1-6　一斜一立式日光温室

1. 木杆或竹竿骨架　2. 腰柱　3. 悬梁　4. 中柱
5. 草帘　6. 后屋面　7. 后墙　8. 前立窗

（2）圆拱式日光温室（图1-7） 跨度一般为7.5 m左右，矢高 3.0～3.5 m，后墙为空心墙，高 2.0～2.5 m，中间可填充煤渣等保温材料，以提高后墙的保温性。前屋面拱架一般用 4 号或 6 号钢管，也可采用 14～16 mm 钢筋。后屋面用空心预制板，长约 2 m，为加强保温性，可在其上铺 15 cm 的煤渣。其特点为：室内无立柱，减少遮阴面积，便于室内操作和管理，结构简单，保温性好，但造价较高。主要适用于北方地区秋、冬、春季桃、葡萄、草莓、樱桃等的栽培。

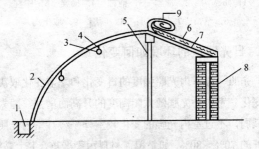

图 1-7 圆拱式日光温室

1. 防寒沟 2. 拱架 3. 横向拉筋 4. 吊柱
5. 中柱 6. 防寒层 7. 预制板 8. 后墙 9. 草帘

（3）长后坡矮后墙日光温室（图1-8） 跨度一般为6～7 m，矢高2.8～3.2 m，后坡长 2.4 m，由椽和横梁组成，檩上铺玉米秸秆，再抹上草泥，起到加固和保温的作用。后墙高 0.6～1.2 m，厚 0.5～1.0 m，后墙外培土。前屋面由支柱、横梁、拱杆组成。前屋面前挖宽 50 cm，深 60～80 cm 的防寒沟，沟内填充煤渣、稻草或麦秸等保温材料，然后上面用土盖实。其特点是结构简单，造价低，保温效果明显，适用于东北、内蒙古等寒冷地区，但后屋面遮光面积大，不利于果树生长。适用于桃、葡萄、草莓等的栽培。

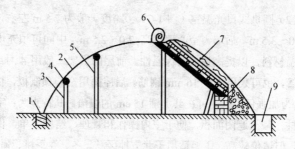

图1-8　长后坡矮后墙日光温室

1. 防寒沟　2. 薄膜　3. 前柱　4. 横梁　5. 中柱
6. 草帘　7. 后屋面　8. 后墙　9. 取土沟

15. 日光温室的环境如何变化？

（1）光照　温室内光照强度的日变化和季节变化取决于外界光强的变化。室内外光强随太阳高度的升高而增强，随太阳高度降低而减弱，不过室内光强的变化较室外平缓。室内光照强度一般为室外的70%～80%，如是覆盖材料污染严重，尘土黏结很多，或者附有水滴，透入室内的光线则显著减少。

室内光照强度水平分布不均匀。一般温室南边光照强（透光率55%～65%），中部次之（透光率50%～60%），靠近后墙处光照最弱（透光率30%～40%）。

（2）空气温度

①室内气温的日变化　室内气温的日变化取决于外界气温的变化。表1-3是在晴天下测得的室内外气温日变化，由表1-3可知室内温度变化与室外变化是一致的，在温室密闭的条件下，白天的增温效应远比夜间明显，且变化幅度大；夜间由于室外有覆盖物，室内气温下降缓慢。

表1-3 室内外温度日变化

时间	8	10	12	14	16	18	20	22	0	2	4	6
室内（℃）	6	7.5	14	23	24	13	11	12	10	9	8	5
室外（℃）	−7	−4	2	3	2	−3	−6	−7	−7	−6	−10	−11

根据天气条件不同，室内温度的变化也不相同。晴天时即使室外气温偏低，室内仍可保持较高温度，增温效果明显，最高气温可达到 30~35℃，最低气温可达 10~13℃；阴雪天时，白天室内气温上不去，夜间虽降温不多，终因白天蓄积热量少使温度水平低下，阴天时最高气温约 16℃，最低温度 7~8℃；降雪天最高温度仅 11~13℃，最低温度 6~7℃。

②日积温 任何农作物生长发育最后形成产量都需要一定的光量、热量指标。在北京地区，12 月上旬以前，日光温室内日平均正积温在 320℃以上，1 月份 200℃以上；平均白天>20℃积温，12 月在 135℃以上，1 月份在 110℃以上；平均夜间≥10℃积温，12 月在 70.0℃以上，1 月 20~30℃以上。

③室内气温水平分布不均匀 温室中部温度最高，北部气温高于南部，温室西部温度高于东部，平均温差约为 2℃。

（3）地温 在晴天下测得的室内外地温日变化的趋势是一致的，但地温的变化比气温平缓，最高、最低地温出现的时间远比气温落后。在白天气温高于地温，而夜间地温高于气温。因此，在夜间热量可以从土壤向空气辐射，以补充室内热量的流失。

温室内地温的水平分布是不均匀的（表1-4），自南向北各点地温的日变化的特点是：越向温室南沿底脚，地温日变幅越大。

表1-4 日光温室地温水平分布（多南至北）

距离（m）	0	0.5	1	1.5	2	2.5	3	3.5	4
地温（℃）	7.7	9.0	10.7	12.0	13.0	13.2	13.0	12.0	11.2

（4）空气湿度　与塑料大棚一样，日光温室内也是一个高湿环境，在不通风的条件下，白天室内相对湿度在80%~85%，夜间在90%以上。3月份以后，室内外气温增高，温室放风，相对湿度有所下降，尤其在中午前后可降至50%~60%。

空气中的水分主要来自土壤蒸发和作物蒸腾（图1-9）。土壤蒸发和作物蒸腾的水分一部分随空气流动而散失，一部分在薄膜表面凝结。凝结的水滴顺薄膜表面流向温室前缘，造成中部干燥，而且随保护设施跨度的增大，干燥区扩大。

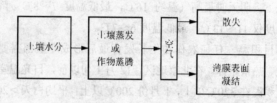

图1-9　温室内水分运动模式图

（5）气体环境

①二氧化碳（CO_2）　二氧化碳是植物光合作用不可缺少的原料，因此，二氧化碳浓度的变化对光合强度有直接影响。在一定范围内，二氧化碳浓度越高，光合速度越快。温室内二氧化碳的来源，除空气固有的以外，还有作物呼吸作用、土壤微生物活动及有机物分解发酵等放出二氧化碳，所以，夜间保护地内的二氧化碳浓度可达950 mL/L，而室外大气中二氧化碳浓度为330 mL/L。但从清晨揭去覆盖物以后，叶片立即开始旺盛的光合作用，吸收大量的二氧化碳，由于温室此时处于密闭状态，得不到室外大气中二氧化碳的补充，其浓度迅速下降，很快就低于室外空气中二氧化碳浓度，放风前出现最低值。

目前，保护地内二氧化碳浓度人工调节的方法，一是增施有机肥，二是人工增放二氧化碳气肥。具体方法是，把工业用98%浓硫酸，缓缓倒入3倍水中，配制稀硫酸，然后，用稀硫酸与碳酸氢铵反应，获得二氧化碳，碳酸氢铵与浓硫酸比例为1：0.62。施用量可根据保护地的容积计算确定，一般$1\,000\,m^3$，生产0.001%二氧化碳时，碳酸氢铵用量为3.6 kg，浓硫酸为2.232 kg。具体使用时，在保护地内每隔5～6 m，放置一个反应桶（塑料桶），不能用金属制品。

②有害气体　温室内的气体除二氧化碳外，还存在着一些有害气体如氨、二氧化氮，由氮肥施用过多而产生；二氧化硫，由未经腐熟的粪便及饼（粕）等在分解过程中产生；一氧化碳是煤炭燃烧不完全，由烟道缝隙漏出并释放到保护地内的；乙烯和氯来源于有毒塑料或塑料管。这些气体由气孔进入叶肉，破坏叶肉组织和叶绿体，使叶片褪绿、出现白色斑点，严重时可导致死亡。

为了防止这些有害气体的为害，氮肥每次要少施，最好和过磷酸钙混用，施用后多浇水以抑制氨的挥发，此外，用石灰可以阻止二氧化氮的挥发；在对温室进行加温时，应使煤燃烧充分，并加强保护地内通风换气；选用安全无毒的农膜。

16. 日光温室设计要点有哪些？

在日光温室的建筑设计中也包括场地的选择，场地的布局以及温室各部位的尺寸、选材等，其中场地的选择和布局与塑料大棚原则上是一致的，这里不作详述。由于日光温室的基本能源来自太阳，又需要在严寒冬天使用，因此特别要强调充分采光，严密保温，白天让尽可能多的太阳能进入室内，并蓄积起来，夜间尽可能减少室内热量流出温室，使室内维持一定的温度水平。因此下面着重叙述采光设计和保温室设计的要点。

17．日光温室采光设计要点有哪些？

（1）温室方位　温室的方位是指温室屋脊的走向。日光温室仅向阳面受光，东西山墙和后墙都不透光，所以一般都是坐北朝南、东西延长，采光面朝向正南以充分采光。在生产实践中，方位可偏西 5°～10°，以便更多地利用下午的光，这叫"抢阴"。

（2）采光屋面的角度　必须保持采光屋面有一定的角度，使得采光屋面与太阳光线所构成的入射角尽量小。根据太阳位置冬季偏低，春季升高的特点，在温室的前沿底脚附近，角度应保持在 60° 左右，中部应保持在 30° 左右，上部靠近屋脊处 10° 左右。

（3）采光屋面的形状　不同的采光屋面形状与温室透光率有关。一般在相同的高度、跨度下，圆一抛物面组合式屋面透光率最高，一坡一立式和椭圆形最差，圆面和抛物面的居中。

（4）后屋面的仰角和宽度　后屋面的仰角（后屋面与地面夹角），应大于当地冬至正午时的太阳高度角 7°～8°，以保证阳光能照满后墙，增加后墙的热量，如北京地区一般为 27.5°（表1-5）。后屋面的宽度对采光（后排作物）和保温效果有一定影响，后屋面太宽，室内遮阴面积很大，但后屋面太窄，对保温不利。因此要兼顾采光和保温两个方面，南方地区后屋面投影（即中脊至地面垂线点到后墙根的距离）可短些，北方地区应长些，北京地区以 1.2m 左右为宜。

表1-5　不同纬度地区的合理后屋面仰角

纬度	37°	38°	39°	40°	41°	42°	43°	44°	45°
仰角	20.5°	21.5°	22.5°	23.5°	24.5°	25.5°	26.5°	27.5°	28.5°

（5）相邻温室的间距　主要指南北两栋温室的间距，它主要

受温室的脊高影响（图 1-10），应不小于当地冬至前后正午时阴影距离。例如，在北京地区，南北两排温室间距，应不小于温室屋脊高加卷起草苫高的两倍。

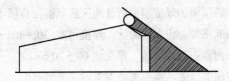

图 1-10　温室间遮荫示意图

（6）温室长度　温室适当长一些，可减少两山墙占荫面积的比例。但如温室过长，影响通风，一般温室长以 50～60 m 为宜。

（7）棚膜选择　应使用无滴膜和抗老化的复合型多功能膜。无滴膜比普通有滴膜透光率要高 10%～14%，紫外线透过率高 5%，棚内气温高 1～3℃，地温提高 1～2℃，连续使用寿命 2 年；因其能够防止水滴下溅，具有防病效果。复合多功能膜夜间保温效果好，而且强度高，耐老化，具无滴性。

18. 日光温室的保温设计要点有哪些？

（1）墙体厚度　一般来说土墙以 1.0 m 左右为宜，南方可薄一些，北方可厚一些；砖墙以 50～60 cm 为宜，有中间隔层的更好。

（2）墙体的组成　日光温室的墙体有单质墙体和异质复合墙体两种。单质墙体是由单一的土、砖或石块砌成。异质复合墙体一般内层是砖，中间有土或炉碴夹层，外层为砖、石或加气砖。

异质复合墙体中间夹层内填充材料一般有干土、煤渣、珍珠岩、干稻草、锯末等。凡夹层填充隔热材料的，均比未填任何材料的空心夹层，室内最低气温高。其中珍珠岩效果最好，煤渣次之。

一些研究指出墙体外层用加气砖的比用普通砖的保温效果

高，室内气温可相应提高 0.5～0.8℃ 。

（3）后屋面厚度　后屋面的有无及其厚度影响温室的保温能力。选用的保温材料有秸秆、稻草、土、煤渣，并保持隔热物疏松、干燥；后屋面的厚度根据所处地区的气温而有所不同，一般在河南、河北南部、山东等地区，厚度可在 30～40 cm，东北、华北北部、内蒙古寒冷地区，厚度达 60～70 cm。

（4）前屋面覆盖　前屋面是温室的主要散热面，前屋面覆盖可以阻止散热，达到保温目的。目前我国日光温室主要采用的保温材料有草苫、纸被、蒲席等。草苫是最传统的覆盖物，它是由苇箔、稻草编织而成的，其导热系数很小，可使夜间温室热消耗减少 60%，提高室温达 1～3℃。在寒冷冬季地区，常常在草苫下铺垫上一层牛皮纸层，称纸被。纸被是由 4～6 张牛皮纸叠合而成。据测试，增加一层由 4 张牛皮纸叠合而成的纸被，可使室内最低气温提高 3～5℃。纸被保温效果虽好，但投资高，易被雪水，雨水淋湿，寿命短，故不少地方用旧薄膜代替纸被。山东等地使用编织袋内装碎石棉、纤维棉做覆盖材料，保温效果良好。

（5）防寒沟　设施防寒沟是防止土壤热量横向流失，提高地温的有效措施，防寒沟一般设在室外，沟的宽度 40～50 cm，深度 40～60 cm，沟内填干草、干土或其他隔热物，可使室内 5 cm 地温提高 4℃。防寒沟要封顶，防止雨水雪水流入沟内。

（6）地膜覆盖　地膜覆盖是提高地温，降低保护地湿度的重要措施。铺一层地膜可使地面最低温度提高 0.5℃。

（7）通风　日光温室通风的目的是除湿、降温，调节室内二氧化碳浓度，排除室内有害气体。常采取的通风方式是"扒缝"通风。上排通风缝设在屋脊附近，放风时可将其扒开，下排通风道设在靠近腰部，放风时可将其扒开。不放风时，风道关闭，这种通风方法可以根据室内外温湿度状况，调节风道口的大小和放风时间，在严寒时既保温，又达到通风的目的，同时不损坏薄膜，是一种较好的通风方法。

（五）果树设施栽培的关键技术

19. 如何选择适宜的品种？

果树设施栽培主要包括促成栽培和延后栽培两种，在品种选择上有区别。促成栽培选用早熟、极早熟品种，而且所选品种的需冷量低，以利于提早扣棚，提早上市；而延后栽培要选用晚熟、极晚熟品种，而且所选品种的贮藏性要好。

由于保护地是一个高温、昼夜温差大、高湿、弱光的环境，在这样的环境中，一方面不利于果树的生长发育，另一方面容易滋生某些病害，如桃的细菌性穿孔病、葡萄的霜霉病、草莓的灰霉病等。因此，保护地内选择的果树品种应有良好的适应性、抗病性和耐弱光性。

保护地中没有昆虫进行授粉，加之空气湿度大，不利于花粉的传播，因此，应选择花粉量大、自花结实率高的品种，如杏中应选择自花结实率高的欧洲品种群，如凯特、金太阳等；对于花粉少或雄蕊败育的品种，应配置授粉树。

20. 栽植密度如何确定？

合理的栽培密度，可以提高保护地的空间利用率，增加单位面积的产量，提高早期产量，尽快形成经济效益。

根据国内外的有关资料，当前生产中常用的密度如下所示。

桃：（1.0～1.5）m×（1.5～2.0）m，每亩 222～444 株；

中国樱桃：（1.0～1.5）m×（2.0～2.5）m，每亩 177～333 株；

甜樱桃：（2.0×3.0）～4.0 m，每亩 83～111 株；

李：（1.0～1.5）m×2.0 m，每亩 222～333 株；

杏：1.5 m×（2.0～2.5）m，每亩 177～222 株；

草莓：15 cm×20 cm，每亩 8 000～10 000 株；

葡萄：株距 60～80 cm，窄行 60 cm，宽行 250 cm；每亩 550～740 株。

21．树形选择有哪些？

保护地由于空间有限，在树形选择上应选用矮干、窄冠、少主枝的树形，根据这一原则，目前保护地栽培中常用树形为圆柱形、开心形和"Y"字形。

（1）圆柱形 定植当年萌发后，不进行摘心，使其中心干自然生长。侧枝按自然状态在中心干上错落排列。当温室前缘的 1～3 行的树体中心干长至距棚膜 30～50 cm，中间几行长至距棚膜 70～100 cm 时摘心，整个树冠外形为圆柱形。这种树形的特点是无主枝，结果枝直接着生在主干上；树冠内透光性、通风性好，产量高，品质好，成熟期与自然开心形比提前 3～4 d。

（2）自然开心形 其特点是干高 50 cm，在主干上均匀分布 3 个主枝，各主枝以 45°角延伸。每主枝配置 2 个侧枝，开张角度为 60°，在主侧枝上均匀分布大、中、小枝组。在保护地栽培条件下，可采用快速整形法，即嫁接苗长至 60 cm 时摘心；当一次副梢长至 40 cm 时，再对副梢进行摘心；8 月上旬进行主、副梢的第三次摘心。对不做主、侧枝的进行拉枝、扭枝、别枝，过密的疏除。这种整形方式在肥水良好的条件下当年可形成花芽。

（3）"Y"字形　其特点是干高一般为 60 cm，只留两个主枝。定植当年冬剪时选留方向相反的两个主枝，主枝伸向行间，开张角度为 40°，剪留长度 40～50 cm。其它枝条缓放、拉枝、扭枝、短截等修剪技术培养成不同类型的结果枝组。第二年冬剪时，在两个主枝上各选留 2～3 个侧枝，侧枝角度为 60°，剪留度长度根据树体生长势来确定。

22. 修剪的关键技术有哪些？

主要分为冬季修剪和生长季修剪。冬剪的目的是维持树形和树冠的大小，调整枝类比，调整树体的负载量。生长季修剪主要目的是控制营养生长，改善树冠内部的通风和透光性，促进花芽分化。采用的方法主要有以下几种。

（1）拉枝　目的是加大分枝角度，抑制枝条营养生长。

（2）扭枝　主要对直立枝、徒长枝，在没有木质化时进行。

（3）摘心　对还未停止生长的新梢摘去其嫩尖，使新梢暂时停长，利于营养的积累。

（4）疏枝　主要是疏除过密枝，防止树冠郁闭，减少养分的消耗。

23. 促进花芽分化有哪些方法？

在自然条件下，果树的花芽分化一般是在 6 月下旬以后开始，至第二年 4 月以前完成。不同果树种类开始分化的时期和完成分化的时期各不相同。为了改变果树自然条件下的收获期，一般是提早收获，就必须提早花芽的分化，缩短其分化期。果树花芽分化受三方面因素的影响：树体营养、激素水平和环境条件。

（1）树体营养　主要表现在树体中营养元素的组成比例、花芽分化期树体的营养面积和花芽分化期中营养生长对花芽分化的影响。

一般来说，在花芽分化临界期内和花芽分化临界期前控氮、控水、增磷有利于花芽分化；因此，为了促进化芽分化，在花芽分化期应适当控水，控制氮肥的施入量，增加磷钾肥的施入，还可采用断根的方法减少根系对土壤中氮素的吸收。

花芽分化需要消耗大量的碳水化合物，这就要求树体在花芽分化期应有足够的叶面积。在生产中，为了促进前期的营养生长，应加强肥水管理，使树体尽早形成叶幕。

营养生长过旺会影响花芽的分化，因此在花芽开始分化时应对新梢的营养生长进行抑制。抑制的方法有摘心，扭枝以及化学药剂处理等方法。但以药剂处理最为方便和有效。目前我国在生产上广泛采用的主要是多效唑（PP$_{333}$）。该化学药剂对桃、樱桃、葡萄等多种果树都有抑制生长，促进花芽形成的作用。施用方法有叶面喷施和土施。叶面喷施浓度一般为 1 000～3 000μg/g，施用时间一般在 7 月中下旬。土施一般用量为 1～10 g，以树体大小而定，多在春季施入树冠外围。

（2）激素水平　植物中的激素可分为生长促进剂和生长抑制剂。一般生长促进剂促进营养生长，抑制花芽分化；生长抑制剂促进花芽分化，抑制营养生长。利用这一特性，在生产中使用人工合成的生长抑制来促进花芽分化，如多效唑（PP$_{333}$）对桃、杏等核果类果树的花芽分化有很好的促进作用。

（3）环境条件　高温、长日照有利于花芽分化。但对草莓来说，低温、短日照有利于花芽分化。实验表明，在 8 h 日照下，10～20℃都能分化花芽，30℃以上不管日照长短，均不分化花芽。据研究，在 8 h 日照和 17℃条件下，进入花芽分化所需要的时间最短。5℃以下因进入休眠不再分化花芽。为了促进花芽的分化，人们往往采用低温黑暗处理或进行高山冷地育苗等。

24．解除休眠有哪些方法？

果树进入休眠后，即使在温度适合的条件下也仍处于休眠状态的时期称为自然休眠期。在自然休眠解除后，由于外界条件不适合而仍处于休眠状态的称为强迫休眠。在设施栽培中，在以提早成熟为目的情况下，正确判断休眠的解除时期，科学地运用解除休眠的措施，是设施栽培首先要解决的问题。

果树休眠的解除需要 7.2℃以下一定的低温积累，即需冷量。表 1-6 列出了主要温室栽培果树的需冷量。

表 1-6　温室栽培果树需冷量　　　　　℃

树种	需冷量	树种	需冷量
无花果	200	甜樱桃	1 100~1 300
杏	700~1 000	酸樱桃	1 200
桃	750~1 150	葡萄	1 800~2 000
李	700~1 000	草莓	40~1 000

近年来，随着设施栽培技术的发展，人工打破休眠取得了一定的成效，目前常用的方法有温度处理、摘叶和化学药剂处理。

低温处理在草莓设施栽培中已广泛应用，即在花芽分化后将秧苗挖起，捆成捆，放于 0~3℃的冷库中，保持 80%的湿度，处理时间的长短可根据品种打破休眠需要的低温量。

高温处理对打破葡萄芽的休眠有明显的效果。掘内等（1971）研究了温度对打破葡萄休眠的影响后指出，6℃下处理 29 d，打破休眠是极不完全的，但到 36℃为止的温度处理中，越是高温越促进打破休眠。在温室栽培中达到 30℃以上的温度几乎是很容易的。

人工补光对于经过低温处理的草莓，可以明显促进其营养生长，抑制草莓进入被迫休眠。

摘叶对打破休眠也有一定的作用。我国台湾在产期调节的栽培中利用摘叶的方法促使葡萄树、桃树、梨树等休眠芽的萌发可使葡萄一年 3 次开花，收获 3 次，使桃树、梨树一年 2 次开花，2 次收获。

化学药剂处理打破休眠目前国内外都见到了效果。所用的药剂有石灰氮，益收生长素（Ethrel），2-氯乙醇以及赤霉素等植物生长调节剂。其中以石灰氮应用比较广。

石灰氮对葡萄、桃、李等果树打破休眠均有作用。研究表明，石灰氮是一种很好的落叶剂。据望日太、米山忠克（1994）研究，石灰氮有打破葡萄休眠、促进发芽的效果，通过石灰氮处理后，大大提高了葡萄芽内和节内氮素的含量，并认为，生长抑制物质脱落酸（ABA）是休眠的诱导体，石灰氮的作用在于消除 ABA 对休眠的诱导作用。

赤霉素对打破草莓休眠效果明显，这已在实际生产中大量应用。但对其他木本果树仅靠赤霉素来打破休眠效果不理想，它只能代替部分低温处理，只有在需冷量不足的情况下，喷赤霉素才有效。

25. 如何控制温度和湿度？

（1）温度　设施栽培的环境因素中温度是起决定作用的，温度是作物生长发育的重要因素。设施栽培的关键是根据果树发育的不同阶段对温度的要求，人为地控制温度来满足其要求。不同果树对温度的要求不同，同一果树的不同发育阶段对温度的要求也不同。

果树设施栽培初期阶段，温度的控制是以不同树种在露地自然条件下所经历的温度为依据设定的。但是为了获得大的果实，从开花到幼果期，细胞数的急剧增多，需要比较高的温度，另外从光合作用物质的运转和积累来说需要变温条件。因此，设施内温度的控制与自然条件下的温度应有所不同，而应该与树体的生理生态相符合。另外，不同生育期对昼、夜温度的要求是不同的。因此，应根据果树不同发育时期来调节温度的高低，以满足作物对生长发育的要求。

（2）湿度　湿度的控制也是设施栽培中极其重要的环节。湿度对作物的生长也有很大的影响。温室为严密封闭式，往往湿度很大。白天一般湿度在 70%～80%，夜间常保持在 90%～95%，形成了一个高湿的环境。这种高湿的环境，往往会造成病害的发生并迅速的发展，给作物带来比露地栽培更严重的危害。特别是在花期，高湿的环境往往造成授粉受精不良，结果不好，或结畸形果，甚至不结果。因此在保护地条件下，控制湿度也就成为能否获得成功的另一个重要问题。

对湿度的控制一般常采用放风，或用塑料薄膜覆盖地面，或在可能的条件下尽量少浇水等措施。在温室保温性能好的情况下，通过放风来控制湿度是最有效的措施。如温室保温性能不好，则湿度也难以控制。

26．如何进行果品的采收？

作为设施栽培的果品主要是鲜食，因此采收期必须适宜，不能过早或过晚。采收过早，果实没有充分的发育。不仅其果实的大小达不到应有的程度，而且色、香、味、形均不能充分地表现出来，因而影响了果品的外观品质和风味品质，达不到高商品化的标准。果实采收过迟，容易老化，不仅不耐贮运，而且品质下降，严重影响了果品的商品价值。因此正确确定果实的成熟度，并进行适时采收，对提高果品的商品价值具有重要作用。正确地确定果实的成熟期必从以下几个方面综合考虑。

（1）色泽的变化　绝大多数果树其果实色泽的变化是成熟的最明显的标志。色泽最普遍的变化是失绿，果实由绿逐渐变白或黄（除少数例外）；不同果树由于在果实成熟过程中，产生的化学成分不同而出现不同的颜色。如柑橘和香蕉等，叶绿素降解后表现出类胡萝卜色素的色泽，因而成熟时变为黄色；而有些果树成熟时产生花青素，成熟的果实除底色由绿色变为白色或黄色外，其上还覆有红或紫的颜色，或全部变为红色或紫色。

（2）果实的硬度　果实硬度在成熟过程中也有明显的变化。随着果实成熟度的提高，果实的硬度随着下降。在实践中，有的可用手触摸，确定其成熟度，如葡萄在成熟过程中其果实的硬度由硬变为具有弹性，后变为较柔软。有的果树则可用硬度计来测定。

（3）香味的变化　许多果品在成熟时具有很浓的香味，这些香味随成熟过程而增加。

（4）离层的产生　一些果树在果实成熟时果柄与果枝间常产生离层。成熟度越高其离层越明显，果柄与果枝越易脱离，即果实容易脱落。

（5）采收方法及注意事项　果实采收是一项非常细致的工作，是确保果品质量的重要一环，必须予以重视。采收时要轻拿轻放，防止用手指甲划破果皮。因此，采收前最好剪掉长的手指甲。采收的容器内应铺垫蒲草或软垫，采收时容器应挂在树枝上，以便于使用和稳固。对同树上的果实应根据其成熟度不同分期采收，以保证果品的质量。

27．如何进行果品的分级包装？

精美的包装是提高商品性的重要手段。果品的包装不仅能使果品保鲜，减少损耗，便于贮存和运输，而且精美的包装还可提高果品的商品性和商品价值。对于设施条件生产的高商品化果品，包装就更为重要。

（1）包装前的分级 由于果实的发育受到各种不同因素的影响，即使同一株树上着生的果实，在大小、色泽、成熟度方面也不一样。因此，采收后的果实必然大小混杂，色泽和成熟度参差不齐。为了提高果品的商品性能，在包装前必须根据一定的标准进行分级。

由于不同树种、不同品种，其果实的大小，色泽千差万别，因此分级的标准也各有不同。我国目前还没有明文规定的分级标准，因此不同果品分级的标准在不同地区也不一致。如草莓通常单果重在 20～25 g 为一级果，桃 150 g 以上为一级果，而苹果、梨大果型品种则单果重达 200 g 以上才能达到一级果标准。

分级的目的是为了使果品商品标准化，便于按质论价。因此在实际操作中，可根据当地、当时的具体情况适当灵活地掌握。

（2）包装材料 以往的包装，尤其是露地生产果品的包装多用柳条筐、木箱等；近年来，一般运销的多用纸箱。日本都采用瓦楞纸箱。瓦楞纸箱的构造不是空气直接接触果实，而是由纸面传热，因此箱内温度变化慢而均匀。使用瓦楞纸作外装箱或用硬纸箱作外装箱既便于运输，又便于销售。

对高商品化果品的包装，不能只用大包装，而还应采用小包装，目前小包装方式已在一些高档果品中采用，如草莓、猕猴桃等。小包装的材料一般多用无毒的硬塑制成的盒或盘。由于它透明，消费者一目了然，便于携带，并且提高了商品价值。

（3）包装容器及规格　外包装多用瓦楞纸箱或硬纸箱。箱的体积不易过大，一般以 5 kg 装为宜，规格为 370 cm×240 cm×220 cm。内包装由于果品特性不同，可采用不同的小包装方式。大果型果品，如梨、桃等，可每层用硬纸板或瓦楞纸板做成每果一格的板格，较耐挤压的果品用保鲜膜包后放于外包装箱的格内，不耐挤压的果品，可用网状泡沫塑料包装再放于外包装箱内。对于小果或浆果类型的果品，可用无毒硬质透明塑料盒或盘作内包装。盒或盘的大小可根据果实的大小和形状而定，一般每盒容量以不超过 0.5 kg 为宜。运输时将包装盒或盘竖码在外包装箱内，以减轻挤压所造成的损伤。

28. 如何进行短期保鲜？

设施栽培的果品主要供应市场淡季，不需要长期贮藏，只要在短期内（5~7 d）能保持鲜度不变即可达到目的。因此，贮藏保鲜的方法要简便实用。

水果保鲜的方法很多，有低温保鲜法、气调保鲜法、低气压保鲜法、辐射保鲜法和化学保鲜法等。在各种保鲜法中又有许多具体的应用方法。作为产地短期保鲜的要求，在经济条件尚不具备的情况下，可考虑采用如下的方法。

（1）简易保鲜法　在没有低温冷库的地区，可因地制宜，利用土窑洞、地窖，或自制简易贮藏库。

①土窑洞　在一些高原地区窑洞贮存水果已有丰富的经验。20 世纪 70 年代初以后，山西、河南等地对土窑洞的结构进行了改进，在窑门相对的一端增设通气筒，用以调节洞内的温度。在有条件的地方，在窑内还可以安装制冷机，在贮果之前使窑内温

度进一步降低，效果良好。

②土窑　土窑贮存是农村长期以来采用的一种果品保鲜方法。土窑的大小和构造可因需要而定。一般地下水位低的土窑可完全在地下，上面覆盖桔秆和土作保护层。地下水位高的地方可做成半地下式土窑。地上四周打 1 m 左右高的土墙，上面覆盖保温层。二者均应在土窑门的对面一端，或土窑中部留通气孔，用以换气调节温度。

③室内贮藏室　在一般仓库或不用的室内，用隔热材料制成一定体积的隔热室，室内再用砖砌成若干池，里面能码放一定数量的果品，上面能够密闭，可用作防腐保鲜剂熏蒸的场所作为对果品的短期保鲜用。

（2）气调保鲜法　短期贮藏可采用简易的自然气调的方法。

①塑料帐气调　即用塑料薄膜做成帐子罩在大小适宜的帐架上进行保鲜。这种保鲜一般用 0.075 mm 的单层聚乙烯薄膜作为材料，使帐内的氧气和二氧化碳气体得到自然调节，达到限制果实的呼吸强度，延缓衰老期和变质的速度。

②塑料薄膜小包装　即用塑料薄膜做成小袋单果（穗）包装，袋的大小可根据果实（或果穗）大小而定。大型果品可每袋装一果，小果类可每袋装若干果。因为果实入袋密封后，通过果实自身呼吸作用消耗氧气，而积累二氧化碳，同时利用塑料薄膜的透气性，放出一些过多的二氧化碳和补入一些氧气，从而改变袋内气体成分，起到自然气调的作用。

③硅窗气调　是一种简单而有效的气调保鲜的方法。它是利用硅橡胶具有良好的透气性能，对不同气体具有不同的渗透系数（二氧化碳和氧气的透性比值为 12：2），同时对乙烯也有较大的透性。利用硅橡胶这一特性，把它按一定的面积镶嵌在塑料大帐

或小包装袋上，就成为一个具有硅橡胶气窗的气调帐或袋。帐袋内外的气体通过这个气窗进行调剂，内部过多的二氧化碳通过气窗放出，氧气通过气窗补入。硅窗面积的大小应根据水果的品种、成熟度、贮藏量、贮藏温度等因素而定。

（3）冷藏保鲜法　冷藏的关键技术是控制好温度、湿度、气体成分。进行设施栽培的桃、杏、李、樱桃、草莓、葡萄等果品，温度控制在 $-1\sim0℃$，相对湿度应保持在 85%～95%，温度低，湿度可大些，温度高，湿度可小些。适当降低空气中氧气的含量，能抑制果实的呼吸作用，延长贮藏期，一般安全气体组分是：氧气 2%～5%，二氧化碳 3%～5%，冷库管理中注意通风换气，排除有毒有害气体，有利于贮藏保鲜。

（4）化学辅助保鲜法　果实采收后，不仅因呼吸作用而衰老，而且由于其存在的大量水分和营养物质，容易引起微生物的繁殖而导致果实的腐烂。因此化学保鲜剂已由单纯的防腐剂发展到气体调节剂上。目前常用的主要防腐剂和气体调节剂有以下几种。

①克菌灵　是一种含 50%仲丁胺的熏蒸剂，可用于不宜洗果的水果。使用时把果品放于能够密闭的空间，然后用布条或纸条蘸上克菌灵悬挂起来，靠其发挥气体来消灭有害微生物。

方法简便易行。根据品种、成熟度和每立方米空间计算使用量。一般每千克果品用 60 mg 左右克菌灵或每立方米（以 2/3 空间计算）14 g 左右的克菌灵，两项参照计算决定。熏蒸时要避免将药沾到果实上，处理时间一般在 12 h。

②高锰酸钾　乙烯是一种水果成熟的激素。应用乙烯处理可促进水果成熟，控制乙烯的积累能延缓果实成熟过程。高锰酸钾具有吸收乙烯的性能。应用一种载体浸泡于饱和的高锰酸钾溶液中，然后把这种载体放于薄膜袋或其他装果的容器中，用以吸收

果实释放出的乙烯，即可延缓果实的衰老过程，达到保鲜的目的。

③其他药物　采用一些高效低毒，低残留量的杀菌剂，杀死贮存中的微生物，可以防止果实腐烂，起到保鲜的作用。常用的药物有甲基托布津，多菌灵等。使用浓度一般各为 1 000 $\mu g/g$，单独使用或混合使用均可。使用的方法是在药液中浸泡 30 s 即可。

④脱氧剂　合适的氧气含量对有生命的水果是不可缺少的。但是，在低温或在流通时间很短的情况下，迅速而短暂的低氧状态可以获得恰如其分的保鲜效果，所以脱氧剂作为保鲜剂应受到重视。用脱氧剂贮藏葡萄已获得了研究成果，应用于就地贮藏收到实效。使用方法简单，在 5℃下将脱氧剂装入盛有葡萄的聚丙烯薄膜袋内，将袋口封严即可。这种方法保鲜的特点是，防止葡萄脱粒效果好，具有抑制由于高二氧化碳，低氧产生的腐败菌繁殖的作用。

⑤封入氮气　在薄膜袋中封入氮气，是较快制造低氧环境的有效手段，是防止果实初期品质下降的有效方法，对于短期保鲜比较适用。但也要尽量在较低温度下应用。

二、草莓设施栽培

（一）品种选择

29. 如何选择草莓的品种？

草莓的品种很多，一般均能适于设施栽培。促成栽培目的是在元旦或春节前上市，要求选择休眠浅、成熟早、果形大、品味优良的品种。可供选用的品种有红颜、章姬、丰香、春香、静香、丰香、丽红、明晶、硕丰、硕蜜、女峰、兴都2号等。

半促成栽培目的在 3～4 月份供应市场，一般露地品种均适宜，但以耐寒性较强、需冷量较高、休眠较深且果大、丰产、优质、较耐储运的品种更佳，如全明星、哈尼、女峰、硕丰等等。

延迟栽培目的在 10 月份开始上市，宜选用休眠深、耐寒性强、成熟早的优良品种栽培。

（二）生长结果习性

30. 草莓的生长特性如何？

（1）根系　为须根系，发生于新茎基部和根状茎上，集中在 20 cm 以内土层中，寿命 1 年。随植株年龄增长，发根部位逐年提高，甚至露出地面、应注意培土（图 2-1）。

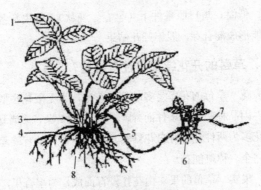

图 2-1　草莓植株形态

1. 叶　2. 叶柄　3. 新茎　4. 新生根　5. 根状茎
6. 匍匐茎苗　7. 匍匐茎　8. 母株

（2）茎　草莓的茎分三种类型

①新茎　是当年抽生的短缩茎,来源于上年新茎的顶芽或腋芽。

②匍匐茎　来源于新茎的腋芽,细,节间长,当生长超过叶片高度时,逐渐垂向株间光照好处,多数品种在偶数节着地生根形成匍匐茎苗。

③根状茎　即草莓的多年生茎,亦称老茎、地下茎,由新茎发展而来。其上有节和轮纹,是营养贮藏器官。

（3）叶　为三出复叶,叶柄较长,基部与茎连接部位有两片托叶抱合成鞘状,紧紧包于新茎上。单叶寿命80 d左右,晚秋随温度降低,新发叶叶柄变短,植株呈莲座状,是进入休眠的象征。

（4）芽　以着生位置分为顶芽和腋芽两种。

①顶芽　可形成混合芽,次年萌发抽生新茎并在其上抽生花序结果。

②腋芽　具早熟性,在高温、长日照条件下（夏秋）,萌生

匍匐茎；低温、短日照条件下（早春、晚秋），萌生新茎分枝；腋芽也能形成混合芽，翌年开花结果。

31. 草莓的开花结果习性有哪些？

（1）花 草莓的花序是多歧聚伞花序，为无限花序型，小花数多少，因品种和栽培条件而异，一般 7～15 朵，多者达 60 朵以上。花多为两性花，可自花结实，也有少数花没有雄蕊或雄蕊发育不完全，称雌能花。

（2）果实 草莓的果实由花托发育而成，为聚合果，表面有许多离生子房形成的褐色种子（瘦果）。果面多呈红或深红色，果实形状、大小因品种而异。同一花序中，一级花序所结果最大，随花序级次增高逐渐变小。

32. 对环境条件有何要求？

（1）温度 草莓对温度适应性较强，但在不同的发育阶段对温度的要求却很严格。根系>2℃开始活动，10℃时便能形成新根，最适生长温度为 15～20℃，休眠期低于－5℃就会产生冻害；地上部分，当气温>5℃时，开始萌芽，营养生长最适温度为 20～25℃，超过 35℃会使植株衰老；花芽分化要求 5～25 ℃，最佳为 14～17℃；开花结果期白天 20～28℃，夜间 8～10℃为宜。

（2）光照 喜光又比较耐阴，可在果树行间种植。不同生育时期对光照要求不同，开花结果期和匍匐茎抽生期，需要 12～15 h的长日照；花芽分化期则要求 10～12 h 短日照。

（3）水分 草莓根浅喜湿，要求有充分水分供应，对土壤水分十分敏感。不同生育期要求不同，开始生长期、花芽分化期需水少，开花结果期、营养生长期需水多，休眠期需水最少。

（4）土壤　草莓喜疏松肥沃、通气良好的呈中性或微酸性的沙壤土，但适应性较广泛，pH 5.6～7 的范围内均能生长良好。

（三）栽培管理技术

33．半促成栽培的方式和特点有哪些？

半促成栽培是指草莓在秋季完成花芽分化后，在自然低温、短日照条件下通过休眠，而后人为给予温度、光照等条件，促其较露地提早开始生长，从而提早成熟上市的设施栽培形式。

其特点是，开始升温、保温时期比较灵活，可依设施类型、品种休眠期长短、计划采收期不同妥善安排；品种选择范围广，成熟期也能拉开。

常用的设施类型有小拱棚、塑料大棚、日光温室等。

34．促成栽培的方式和特点有哪些？

促成栽培是指草莓完成花芽分化后，在自然休眠开始之前或者尚未完成自然休眠时，采取人工措施抑制或打破其休眠，促使继续或提前生长发育，从而达到早开花、早成熟、早上市的栽培方式。

生产在冬季最寒冷的季节进行，需保温性能好或有加温设备的保护设施，而且要求选用自然休眠期短的品种，其休眠易于控制。

采用的设施主要是日光温室，必要时尚需加温。若用塑料棚，则棚外必须增加草苫进行保温。

35．延迟栽培的方式和特点有哪些？

指在草莓完成花芽分化后，人为诱导休眠，采用低温贮藏方式使其通过自然休眠，然后在预定采收期的适宜时间栽植，从而达到周年供应市场的栽培方式。延迟栽培的关键是植株的低温冷藏，其技术要点如下。

（1）冷藏苗木　用于冷藏的苗木必须是耐寒性强品种的壮苗。苗木要经充分预冷，入库时苗木含氮量要低，育苗措施是：后期控氮，同时断根抑制过多氮素的吸收，花芽分化程度不宜过深，否则易产生冻害，以雌雄蕊原基形成为宜。

（2）冷藏技术要点　苗木包装：挖苗要尽量少伤根或不伤根，抖去土，用水冲洗干净，摘除老叶、枯叶（只保留 3 片叶），按大小分级，放在阴处凉半天再装箱。包装箱以木箱为宜，内铺报纸或有孔的薄膜，苗木在箱内排成两横列，根系朝内相对，叶部朝箱的两侧摆放。冷藏温度控制：适宜温度为 0～2℃。但据日本爱知县试验，冷藏前期−2℃，60 d 后降至−4℃的冷藏效果最好。出库定植：出库时间决定于预计上市时间。出库前应先进行适应锻炼，使苗木逐步适应外部气温，定植前应使苗木充分吸水。

36．升温时期如何控制？

升温控制主要决定于设施类型、计划采收上市期，还与品种生育期有关。一般说，保温性能好的日光温室或加温温室可早升温，简易日光温室稍后，塑料棚最迟；北京地区可从 10 月上旬开始，迟至 1 月上中旬，升温过早，影响花芽分化，过晚成熟期提前不多，经济效益不明显。

一般草莓品种升温后 1 个月开花，花后 1 个月果实开始成熟，采收期 1 个月左右，具体升温时间可据此向前推算即可。大棚栽培应注意开花期的防寒，否则升温时间应推迟到 2 月上中旬，赶在 5 月 1 日前后上市。

37．休眠如何控制？

诱导休眠的条件是低温和短日照，而抑制休眠的条件则是高温和长日照。但是，抑制条件给予过早，会影响花芽分化；过晚，植株已进入休眠，再抑制就比较困难，故关键是掌握好抑制的火候。

（1）日照　据研究，日照长短和光质对草莓休眠均有重要作用。研究表明，11 h 左右的自然光源和 13.5 h 的白炽灯都有打破休眠的效果；从 10 月中下旬起，每天给予 16 h 光照，即能抑制休眠又能使花芽分化良好，其间光照中断或间歇，不受影响。红色光和近红色光的混合光（白炽灯）是适宜的处理光源。

（2）温度　研究表明，打破草莓休眠的温度范围在 13℃以上，温度愈高，效果愈好。打破草莓休眠的温度范围可分三级，即 13～18℃、18～27℃、27℃以上，其打破休眠的效果比是 1∶2∶3，而 30～35℃的高温，不仅能打破休眠，而且可以有效地防止植株矮化，抑制休眠进行。经验证明，白天 26～27℃，夜间 12～13℃，即能抑制休眠，亦有利于腋花芽分化。

（3）赤霉素　可弥补低温量的不足，促使植株顺利通过自然休眠，进入正常发育状态。施用浓度一般为 5～10 mg/kg，处理一次的效果可维持 10 d 左右，当出现叶柄伸长、叶面积扩大后，应停止施用。

总之，不管何种设施栽培方式，在升温后给予高温、长日照和适当的赤霉素处理是必须实施的技术措施，以防止植株进入休眠或者促进植株通过和解除休眠，保证其生育进程的正常进行。

38．如何确定栽植时期？

华北地区多在花芽分化前的 8 月上中旬定植，也可在花芽分化后的 10 月上旬进行。但抑制栽培则必须在 8 月下旬前定植完毕，否则影响花芽分化，不利于当年丰产。

39. 如何确定栽植方式、密度？

推广高畦、地膜覆盖栽培。一般畦宽 50 cm 或者 70 cm、高 15 cm 左右、畦间沟宽 10～15 cm 即可；畦向南北，每畦栽 2 行或者 3 行，亩栽 8 000～12 000 株左右。栽植时注意弓背向外（图 2-2），即花序伸出方向，深浅适度，达到上不埋心，下不露根。

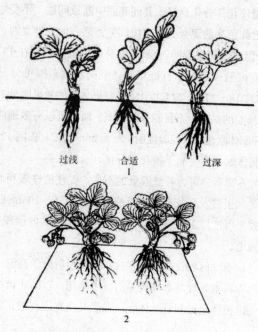

图 2-2 苗木定植深度、方向（弓背向外）

1. 定植深度 2. 定植方向

40．如何进行肥水管理？

（1）基肥　底肥要足，以充分腐熟的鸡粪最好，亩施量 3～5 m³；亦可施用其他优质农家肥，亩用量 3 000～5 000 kg；此外还要适当加入速效性肥料，如磷酸二铵（20 kg/亩），生物钾肥（100～150 kg）等。

（2）追肥　土壤追肥在扣棚保温前进行，以氮肥为主，亩追尿素 10～13 kg 或者复合肥 20 kg，结合进行灌水。在果实膨大期应再追肥一次，并要保证供水，小水勤浇，防止大水漫灌，进入采收期后，应适当控水。

（3）叶面喷肥　加强叶面喷肥，开花前喷尿素＋磷酸二氢钾（浓度 0.2%左右），间隔 10～15 d；开花后浓度降至 0.1%，间隔时间 7～10 d 即可。

施肥、灌水宜在傍晚进行，施后要实行相对低温管理，注意通风换气，防止室内空气湿度过高。

41．如何进行植株管理？

植株管理内容、方法基本与露地栽培相同。生育前期：摘除早发匍匐茎、疏花疏果、垫果等。果实采收后：整理植株，即除去多余新茎分枝和老叶，摘匍匐茎，培土促根等等，要及时细致。

42．如何进行温、湿度控制？

温、湿度控制是设施栽培成功的关键，必须依据草莓不同生育阶段的要求，尽量满足其需要，尤其在开花坐果期更需按要求严格控制，以达到丰产优质的栽培目的。覆膜升温后的整个生育期间，要掌握前期高、后期低的原则，不同生育期适宜温、湿度指标如表 2-1 所示。

表 2-1　草莓不同生育期温、湿度控制指标　　　　　℃

生育期	适宜温度		危险温度		地温	湿度（%）
	昼	夜	昼	夜		
发新叶	5～30	0～8	>40	<0	8～22	85
展叶	25～30	8～10	>35	<3	18～22	85
现蕾前	20～28	6～8	>30	<3	18～22	60～70
开花期	20～25	5～6	>30	<3	15～20	30～50
果实生长期	18～23	4～5	>30	<1	14～18	60～70

43. 如何进行病虫害防治？

（1）灰霉病　是草莓最危险的病害之一，分布广，严重发生年份可减产 50%左右。该病是开花后发生的病害，在叶柄、叶片、花蕾、花、果柄、果实上均可发病。叶上发病时，产生褐色水浸状病斑，在高湿条件下，叶背出现白色绒毛状菌丝。叶柄、果柄受侵染后变褐，病斑常环绕叶柄、果柄，最后萎蔫、干枯。被害果实症状最明显，发病常在接近果实成熟期。果实发病初期出现油渍状淡褐色小斑点，进而斑点扩大，使全果组织变软腐烂。受侵染果的表面，常生出一层灰绒状物。

防治方法：首先需从栽培入手防病，选地势高、干燥、通风良好的地块栽植，要合理密植，避免氮肥过多，防止植株过度繁茂；及时清除老叶、枯叶、病叶、病果，并将其销毁深埋。保护地栽培要经常通风，避免湿度过大，药剂防治要以防为主。蕾期前用 50%的速克灵 800 倍液，50%多菌灵 500 倍液，百菌清 600 倍液，敌菌丹 800 倍液，甲基托布津 1 000 倍液等均可进行防治。一般每 7～10 d 喷药一次，共 2～4 次。开化前可用 0.4%等量式波尔多液进行预防，喷时加入展着剂。

（2）白粉病　该病主要危害叶片，也可侵染果梗、果实、叶柄。发病初期，叶背局部出现薄霜似的白粉状物，以后迅速扩展到全株，随着病情加重，叶向上卷曲，呈汤匙状。花蕾、花感病后，花瓣变为红色，花蕾不能开放。果实感病后，果面将覆盖白粉状物，果实停止肥大，着色差，几乎失去商品价值。

防治方法：选用抗病品种，栽植密度不要过大，并及时打去地面老叶和病叶，控制氮肥施用，发病初期可喷 25%粉锈宁可湿性粉剂 3 000～5 000 倍液、70%甲基托布津 1 000 倍液、50%退菌特 800 倍液、30%特富灵 5 000 倍液。防治时期可大致掌握在露地栽培开花前，匍匐茎发生期，定植后，保护地栽培在花期前后。

（3）白斑病　主要危害叶片，也侵害叶柄，匍匐茎、萼片、果实和果梗。开花结果前开始轻度发病，果实采收后才危害严重。病叶上开始形成紫红色小斑，随后扩大成 2～5 mm 的圆形病斑，边缘紫红色，中间灰白色，似蛇眼，故俗称蛇眼病。严重时，数个病斑融合成大病斑，直至叶片枯死。该病主要是夏秋高温季节发病。

防治方法：及时摘除病叶、老叶、并妥善处理。育苗地要在发病前早期预防。药剂防治可喷代森锰水合剂 500 倍、克菌丹水合剂 400 倍、75%百菌清可湿性粉剂 500～700 倍液，50%多菌灵 1 000 倍液、70%甲基托布津 1 000 倍液等，10 d 喷一次。

（4）褐斑病　在夏末湿度大的情况下发生重。叶、叶柄、果梗、萼片均可发病。病害发生盛期正遇花芽分化期，所以，可影响下一年产量。病害在老草莓园及栽植过密、杂草多的地块容易发生，多雨的年份发生重。衰老的叶片抗病性差。品种间抗病性有明显差别。

防治方法：栽培上要选用抗病品种，进行合理密植；田间发病始期用 75%百菌清可湿性粉剂加水 500～700 倍喷洒,每隔 10 d 喷一次可收到明显的防治效果。

(5)芽枯病 该病主要侵害花蕾、芽及新生幼叶,成龄叶、果梗、短缩茎亦可感病。感病后的花蕾、芽及新生幼苗出现青枯,随后变成黑褐色而枯死。芽枯部位有霉状物产生,且多有蛛网状白色或淡黄色丝络形成。展开叶较小,叶柄和托叶带红色,然后从茎叶基部开始变褐。保护地栽培中,如长期密闭,棚内高温、高湿更易发生。种植密度过大、栽植过深、未摘除老叶的会加重发病。

防治方法:保护地栽培要经常通风降湿。栽植不要过深,密度不要过大,灌水不能过多,特别是不要淹水,及早拔除病株。药剂防治可用多氧化霉素铝水溶剂 1 000 倍。露地栽培喷 3～5 次,保护地喷 5～7 次,每次间隔 7 d 左右。也可用敌菌丹 800 倍液喷 6 次左右。

(6)病毒病 病毒病是草莓生产中普遍发生、危害严重的病害。由于该病具有潜伏侵染的特性,植株不能很快表现症状。所以,生产上容易被人们忽视。该病是由病毒引起的,目前已知侵染草莓的病毒多达数十种。我国草莓病毒病主要有 4 种:草莓斑驳病毒、草莓和性黄边病毒、草莓镶脉病毒、草莓皱叶病毒。

防治方法:

①培养和使用无病毒秧苗,是防治病毒的根本措施。无病毒苗的繁殖,借助于热处理法,茎尖组织培养或花药培养法获得。无病毒苗在生产中的使用要每 2～3 年更新一次。

②蚜虫是传播病毒的主要媒介,防治蚜虫是防止病毒蔓延的重要措施。

③用氯化苦或溴甲烷进行土壤消毒,也可用太阳能高温处理

土壤。

④发现病株及时拔除，减少侵染源。

⑤加强栽培管理，提高草莓抗病力。

（7）红蜘蛛 螨类是草莓栽培中非常重要的害虫，尤其在保护地栽培条件下，温度高时螨类发生比露地栽培更严重。草莓上寄生的螨类有数种，其中最主要的有二点叶螨和仙客来红蜘蛛两种。螨类的若虫和成虫在草莓叶的背面吸食汁液，使叶片局部形成灰白色小点，随后逐步扩展，形成斑驳状花纹，危害严重时，使叶片成锈色干枯，似火烧状，植株生长受抑制，造成严重减产。螨类的传播是靠风、雨、种苗以及人体、工具等。

防治方法：草莓育苗期间，注意及时浇水，避免干旱。红蜘蛛多以植株下部老叶栖息密度大，故随时摘除老叶和枯黄时可有效地减少虫源传播。药剂防治在蕾期以前和浆果收获以后喷 8 000 倍的 5%齐螨素。采果前选用残毒低的，触杀作用强的 20%增效杀灭菊酯 5 000～8 000 倍液，喷 2 次，间隔 5 d。但采果前 2 周禁用。在保护地内，一般可将保温或加温开始之后作为重点防治期。

（8）蚜虫 蚜虫在草莓植株上全年均有发生，以初夏和秋初密度最大。多在幼叶叶柄、叶的背面活动吸食汁液、蜜露污染叶片，并使叶卷缩、扭曲变形。更严重的是：蚜虫是病毒病的传播者，其传毒所造成的危害损失，远大于其本身危害所造成的损失。

防治方法：及时摘除老叶，消灭杂草。自发初期开始喷 1 500 倍 10%的一遍净或 50%辟芽雾 2 000 倍液均可。一般采果前 15 d 停止用药。药剂应交替使用，以免蚜虫产生抗药性。

（9）草莓芽线虫 已知寄生草莓的线虫有 10 余种，但主要是草莓线虫和草莓芽线虫。这两种线虫都是寄生在草莓芽上，故一般都称为草莓芽线虫，是草莓病虫害中重点防治对象。新叶歪曲成畸形，叶色变浓，光泽增加。症状加重后则植株萎蔫，芽和叶片变成黄色或红色，往往可见到所谓的"草莓红芽"的症状。有时主芽受到侵害而腋芽还可生长，芽的数量明显增多。危害花芽时，使花蕾、萼片以及花瓣变成畸形，严重时，花芽退化、消失，或者坐果差，显著减产。

芽线虫主要靠被害母株发生的匍匐茎进行传插，被害株发生的匍匐茎上几乎都有线虫，从而传给子株，随秧苗扩展到更大范围。线虫也靠雨水和灌水游出，移到其他株上。如果在发病田里进行连作，则土中残留的线虫也移向健康株进行危害。

防治方法：

①用热水处理秧苗。将秧苗先在 35℃水里预热 10 min，然后放在 45~46℃热水中浸泡 10 min，处理后冷却栽植。

②栽前用氯化苦熏蒸土壤。

③实行轮作，耕翻换茬。

④不要从被害母株上采集匍匐茎苗栽植。外引苗要严格检验。

⑤发现病株，立即拔除烧毁。

⑥药剂防治。在草莓花芽分化始期用敌百虫原粉 500~600 倍液，每 7~10 d 喷一次，共喷 3~4 次。芽的部位一定要喷到。

（10）象鼻虫　幼虫和成虫都能给草莓带来危害。以成虫越冬，翌年春季咬食叶片、花萼，并能进入花蕾，吃掉花粉。成虫产卵于花蕾上，而后咬伤花茎，造成花蕾落地。幼虫在凋落的花蕾里发育，6 月中下旬第一代成虫出现。有时也会发现花的里面被吃掉了，但花茎没有被危害。成虫灰黑色，体长 2~3 mm，在叶下或土内越冬。

防治方法：

①早春清除枯叶杂草，消灭越冬成虫。

②及时摘除并烧毁受害花蕾，发现成虫随时捕杀。

③蕾期和浆果采收后，喷 1 000～2 000 倍的 50%的马拉硫磷液或 1 000 倍敌百虫。

（11）白粉虱　喜欢群聚于叶背，刺吸叶片汁液，使叶片输导受阻变黄。

防治方法：

①早春清除枯叶杂草，消灭越冬成虫。

②及时摘除并烧毁受害花蕾，发现成虫随时捕杀。

③蕾期和浆果采收后，喷 1 000～2 000 倍的 50%的马拉硫磷液或 1 000 倍敌百虫。

（12）蛴螬、蝼蛄、地老虎、金针虫　以幼虫危害作物。我国常见的有小地老虎、黄地老虎和大地老虎。其中以小地老虎和黄地老虎分布普遍。

防治方法：

①清除杂草，消灭草上的卵。

②在草莓定植前，每亩用 50%辛硫磷乳油 100 g，拌和细土 30 kg 施入土壤，防治蛴螬、蝼蛄、地老虎、金针虫等。

44．草莓设施栽培的关键技术有哪些？

（1）品种选择　目前适宜北京地区设施栽培的品种有：红颜、章姬、春香、静香、丰香、丽红、明晶、硕丰、硕蜜、女峰、兴都 2 号、宝交早生、全明星、哈尼等。

（2）栽植　一般畦宽 50 cm 或者 70 cm、高 15 cm 左右、畦间沟宽 10～15 cm 即可。畦向南北，每畦栽 2 行或者 3 行，亩栽

10 000～12 000 株左右。栽植时注意弓背向外（花序伸出方向），深浅适度，达到上不埋心，下不露根。

（3）温、湿度控制　营养生长最适温度为 20～25℃，超过 35℃会使植株衰老；花芽分化要求 5～25 ℃，最佳为 14～17℃；开花结果期白天 20～28℃，夜间 8～10℃为宜。开花期的最适宜湿度为 30%～50%。

（4）植株管理　生育前期：摘除早发匍匐茎，疏花疏果，垫果等；果实采收后：整理植株，即除去多余新茎分枝和老叶，摘匍匐茎，培土促根等，要及时细致。

（5）病虫害防治　防治对象主要有：蛴螬、蝼蛄、地老虎、金针虫、灰霉病、白粉病等，应进行综合防治。

（四）草莓设施栽培工作历

45. 草莓设施栽培周年如何管理？

草莓设施栽培 1～2 年管理工作历如表 2-2 所示。该工作历可以供系统指导果农进行草莓的设施栽培。

表 2-2　草莓促成栽培周年管理历（1～2 年）

月份	物候期	作业项目	技术要点
8～9月份	萌芽前后	整地施肥	施足底肥，以充分腐熟的鸡粪最好，施量 3～5 m³/亩；优质农家肥，用量 3 000～5 000 kg/亩；速效性肥料，如磷酸二铵 20 kg/亩；生物钾肥 100～150 kg 等。定植后修好畦埂，灌 1 次透水，覆盖地膜
		地下害虫	在草莓定植前，每亩用 50%辛硫磷乳油 100 g，拌和细土 30 kg 施入土壤，防治蛴螬、蝼蛄、地老虎、金针虫等
		定植	一般畦宽 50 cm、高 15 cm 左右，畦间沟宽 10～15 cm 即可；畦向南北，每畦栽 2 行，亩栽 10 000～12 000 株左右。栽植时弓背向外，即花序伸出方向，深浅达到上不埋心，下不露根

续表 2-2

月份	物候期	作业项目	技术要点
10月至11月上旬	展叶到开花前	扣棚时间	北京：10 月 10～20 日为适
		温、湿度	白天适宜温度 28～30℃，夜间适宜温度 12～15℃，最低不能低于 8℃。适宜湿度 60%～70%
		喷赤霉素	一般新叶长出 2～3 片叶时，花序刚要露出时喷效果最好
		地膜覆盖	用厚度 0.008～0.015mm 的黑色地膜防草保温效果优于白地膜
		肥水管理	①土壤追肥　每亩施氮、磷、钾复合肥 20kg，追肥后随即灌水，并及时中耕松土。②叶面喷肥　间隔 15 d 连续喷 2～3 次 0.5%尿素＋0.4%磷酸二氢钾
		病虫防治	①雷期前用 50%的速克灵 800 倍液，50%扑海因 500～700 倍液，50%多菌灵 500 倍液防治灰霉病。②用 25%的三唑铜可湿性粉剂 3 000～5 000 倍液或 50%多菌灵可湿性粉剂 2 000 倍液防治白粉病。③清除园内外杂草，集中烧毁，以消灭草上虫卵和幼虫
11月中旬至12月中旬	开花及果实生长期	温、湿度	白天适宜温度 20～25℃，夜间适宜温度 5～6℃，最低不能低于 3℃；适宜湿度 30%～50%
		植株管理	①疏花疏果　及时疏除高级次小花、弱花，一般每花序保留 7～10 朵花，随着坐果疏除畸形果、病果、小果等。②掰侧芽　除主芽外，侧芽保留 2～3 个，其余全部疏掉。③摘匍匐茎、枯黄老叶、病叶等。④放蜂　放蜂量约每 1 000 m²/箱，畸形果减少 5 倍
		病虫防治	①蚜虫　使用灭蚜烟剂，防治蚜虫。②灰霉病　15%速克灵烟剂，每亩用量 100～200 g
		追肥灌水	每亩施氮、磷、钾复合肥 20 kg，配成 0.2%的肥水浇施。
1～2月	果实成熟	采收	分期分批采收
		病虫防治	同前

三、樱桃设施栽培

（一）品种选择

46. 如何选择樱桃的优良品种？

品种选择应遵循的基本原则是：

①需冷量低、自然休眠期短。

②果实生育期短。

③花期抗寒性强。

④大果优质。

⑤树形矮小紧凑或用矮化砧木，如莱阳矮樱、吉塞拉系列矮化砧（5、7、12、6号）、考尔特（Colt）等。在设施空间有限前提下容易管理。适于设施栽培的优良品种有：芝罘红、意大利早红、红灯、大紫、左藤锦、那翁、红艳、佳艳等（表3-1）。

表3-1　樱桃设施栽培优良品种

品种名称	品种来源	露地成熟期	果形	色泽	平均单果重（g）
意大利早红	引入	5月中下旬	短鸡心	紫红	8～10
芝罘红	烟台	6月上旬	宽心脏	鲜红	6
红灯	大连	6月	肾形	紫红	9.6
大紫	引入	同上	阔心脏	紫	6
左藤锦	日本	6月上旬	短心脏	鲜红	6～7
那翁	引入	6月上中旬	心形	红晕	8
红艳	大连	6月上旬	宽心脏	红霞	8

（二）生长结果习性

47．樱桃的生长特性如何？

根系分布浅，集中分布层为 5～35 cm，易生根蘖，但甜樱桃萌蘖力较差。萌芽力种间差异较大，中国樱桃高，欧洲甜樱桃低，成枝力种间、品种间均有较大差别。春季叶芽萌发后有一短促生长期，开花时停长，所发新梢部分称花前梢，特点是节间短缩、芽密集、易成花芽；谢花后新梢生长加快，节间拉长，幼年树可持续到 8 月中下旬，成年结果树停止生长较早。

48．樱桃的结果习性如何？

结果习性表现为：花芽侧生，纯花芽，着生在结果枝的中下部花前梢上；结果枝分长、中、短和花束状果枝四种类型（图 3-1），芽内花朵数因种类不同而异，开花早晚差异很大，中国樱桃较甜樱桃早 20～25 d，酸樱桃又稍晚于甜樱桃，甜樱桃不同品种间花期也差异甚大，有些首尾不相连接。樱桃自花结实力低，尤其甜樱桃更低，需配授粉树，并注意花期相遇的时间。

49．樱桃对环境要求如何？

樱桃是喜温树种，甜樱桃当日均温达 10℃芽萌动，15℃以上开花，20℃新梢生长迅速，20～25℃果实成熟，低于 5℃开始落叶。休眠期枝干可耐−25～20℃低温，抗寒能力以酸樱桃最强，甜樱桃次之，中国樱桃较差。属强喜光树种，对光的敏感程度次于桃、杏，而强于苹果、梨；甜樱桃最喜光，次之为酸樱桃，中国樱桃比较耐荫。对土壤的要求是喜沙、怕黏、不耐盐碱。

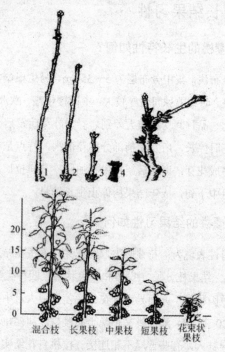

图 3-1　甜樱桃枝条类型及抽梢结果状况

1. 混合枝　2. 长果枝　3. 中果枝　4. 短果枝　5. 花束状果枝

（三）栽培管理技术

50. 樱桃的栽植密度如何？

樱桃成花较晚，一般需要 2～3 年，栽植密度不宜过大。以立地条件和品种不同而异，目前实际生产中栽植的株距多为 1.2～

2.5 m，行距则控制在 1.5～3.5 m。

51．樱桃的授粉树如何配置？

樱桃自花结实力低，必须配置授粉品种，最好能选择 2～3 个可以互相授粉的优良品种栽植，间行排列，优良授粉品种如表 3-2 所示。

表 3-2　甜樱桃优良授粉品种

主栽品种	授　粉　品　种
大紫	水晶、红丰、那翁、滨库、红樱桃
红灯	13～38、5～19、3～41、红蜜、滨库、大紫
那翁	水晶、大紫、晚红、雷尼、先锋
雷尼	那翁、滨库、紫樱桃
红丰	水晶、大紫、晚红
滨库	水晶、大紫、晚红、红樱桃、红灯
红樱桃	水晶、大紫、那翁、晚红、滨库

52．如何进行定植前准备？

栽前要进行土壤改良、增施有机肥，可挖大穴，直径、深度各 0.6～0.8 m，或顺行向挖栽植沟，宽、深各 0.6～0.8 m，株施优质、充分腐熟有机肥 60～80 kg。

栽前用生根粉处理苗木根系，栽后树盘覆地膜增温保墒，能提高成活率和促进生长，成花大苗移栽效果更好，应推广应用。

为充分利用设施空间，降低成本，应试验容器露地培育成花大苗（2～3 年生），全根移栽入设施内进行生产。

53．栽植到扣棚升温前如何管理？

此期一般需 2～3 年。

（1）树形培养　适宜设施栽培的树形为自然开心形和改良主

干形（图 3-2），其结构及培养方法分述如下。

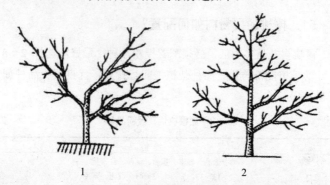

图 3-2 樱桃树形

1. 开心形　2. 改良主干形

①自然开心形　基本结构：主干高 30 cm 左右，无中心干，全树 3～4 个主枝，分枝角度 40°～50°；每主枝留 5～6 个斜生侧枝，插空排列，分枝角度 70°～80°，多单轴延伸，其上直接着生结果枝组结果；树高控制在 2 m 以内。培养方法：定植当年留 40 cm 定干，其中整形带 20 cm，萌芽后，在整形带内选择 3 个长势较强、方位分布均匀的新梢培养主枝，其余枝芽全部抹除。当主枝长到 50～60 cm 时，拉枝开角到 45°左右，缓势促壮，对竞争枝、交叉枝、过密枝及早疏除；位置较好的枝条长到 20～40 cm 进行摘心、拉枝等处理，控制过旺生长，培养枝组。定植当年冬季整形修剪时，一般只对主枝留饱满外芽短截，其余枝均甩放不剪，只要有空间，则尽量保留枝条。定植翌年夏剪的任务是，主枝延长枝长到 50～60 cm 时摘心，控制徒长，其他枝条长到 20～30 cm 时实施一次或多次摘心，促成粗壮的短果枝和花束状果枝（图 3-3）。

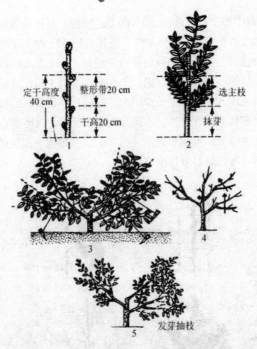

图 3-3 自然开心形整形过程

1. 定干 2. 选主枝、抹芽 3. 夏季拉枝 4. 冬剪 5. 成形

②改良主干形 基本结构：干高 30～40 cm，中心干保持优
势生长，其上配置 7～8 个主枝，主枝近水平生长，枝间距 30 cm
左右，主枝上直接着生结果枝组结果，树高控制 2.5 m 左右。培
养方法：定植当年距地面 60 cm 定干，其中 20 cm 整形带，当年
在整形带内选择 3～4 个生长较强、方位适宜者作主枝，整形带
以下萌芽全部抹除；所选留主枝长到 50～60 cm 时，拉枝呈近水
平状，中心干延长枝不做摘心、拉枝处理，其余萌芽长到 10～20 cm
时，及早摘心、吊枝、压枝以控长缓势。翌年萌芽前修剪时（冬

剪），只对中心干延长枝留 50～60 cm 短截，其他枝甩放；生长季在中干上再选出 3～4 个主枝，当其长到 50～60 cm 时拉平，其余萌枝包括上年所留主枝的萌枝生长到 15 cm 左右时摘心，通过多次反复摘心控长促花。摘心工作应在 7 月中旬以前进行，以后可酌情应用 PP_{333} 等生长抑制剂，控制后期徒长，促进花芽分化；休眠期修剪不宜过早，在萌芽前完成即可，以防剪口干枯。一般经过两年可基本成形树冠（图 3-4），并形成一定量的花芽，第三年初可覆膜保温进行生产。

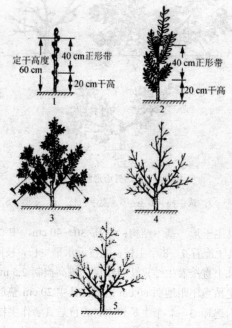

图 3-4 改良主干形整形过程

1. 定干 2. 选第一层主枝 3. 抹芽 4. 冬剪 5. 选上层主枝

（2）肥水管理　强化肥水管理是促使树体早成形、早成花结果的关键，定植到扣棚升温前的 2～3 年间，在早春萌芽前株施优质复合肥（N15%、$P_2O_5$7.5%、K_2O 7.5%）0.5～1 kg；6 月中下旬开始叶面喷施 0.3%尿素＋0.2%磷酸二氢钾，间隔半个月左右，连喷 2～3 次；8 月中下旬开始秋施基肥，株施优质农家肥 15～20 kg。灌水重点抓住萌芽前后和土壤封冻前，以保证梢叶生长和安全越冬，防止抽条；其余时间视土壤墒情而定，雨季尚需注意排水防涝。

（3）病虫防治　主要是穿孔病、流胶病，红蜘蛛、介壳虫、叶蝉等病虫危害，防治方法请参考桃树栽培。

54．扣棚与升温期如何管理？

扣棚覆膜在 10 月下旬至 11 上旬进行，扣覆膜后随即加盖草苫，此后白天不揭苫，夜间揭苫通风降温。一则使温室内保持黑暗、低温，一般温度稳定在 0～7.2℃范围之内即可，有利于提前通过自然休眠；二则此时外界气温尚高、有利于覆膜操作。

在完成自然休眠的前提下，升温时间愈早愈好。大多数樱桃品种的需冷量在 600～1 300 h，京郊地区一般在 12 月下旬至翌年 1 月上旬基本可通过自然休眠，保温条件好的日光温室可在此期开始升温，否则应适当推迟，以防产生冻害。

55．扣棚升温后如何管理？

（1）温、湿度管理　樱桃不同生育阶段对温、湿度要求不同，因此必须依樱桃各物候期的要求进行温、湿度控制（表 3-3）。

表 3-3　樱桃不同生育期对温、湿度要求

生育期	温度（℃）		湿度（%）
	昼	夜	
升温（前三周）	12～18	2～3	80
萌芽期	20～22	5～6	80
开花期	20～22	5～8	30～50
果实膨大期	22～25	10～12	60
着色至采收	22～25	12～15	50

①温度　升温后 1～2 周要实行低温管理，重点在于促进地温上升和根系活动，此段时间稍长有利花芽进一步发育，有利结果；反之若升温过急，室温过高地温滞后，会导致叶芽先发结果不良。二周后夜温逐步提高至 5～6℃，白天控制 20～22℃。一般升温后 3～4 周，芽开始萌动，其后 1～2 周进入开花期，其间对温度敏感，白天最高温不宜超过 25℃，夜间 6～7℃，日较差控制在 10℃左右为宜，不宜超过 15℃，否则对授粉受精不利。

②湿度　开花期要严格控制空气湿度，相对湿度最高不得超过 60%，否则影响花药开裂散粉，严重干扰授粉受精，导致大量落花落果，一般控制在 50%左右为宜。

温、湿度调控方法，主要靠放风时间和风口开启大小进行调节，操作要领详见桃树设施栽培部分。需注意的是，遇到连阴天时，揭盖草苫工作要正常进行，可以适当晚揭、早盖，让树利用阴天的散射光，亦可在室内增装灯泡，采用人工光源补光增温，也可在北墙张挂反光膜。

（2）肥水管理　同露地栽培一样，施肥应抓住四个关键时期，即芽萌动期，重施氮肥，保证花前梢生长和开花坐果；花后强调叶面喷肥，N、P、K、微肥结合，促进坐果和果实膨大；采果后施优质复合肥，促新梢生长和花芽分化；8 月中下旬施有机

肥作基肥，控长促根，提高树体贮藏营养水平。

芽萌动期株施含氮 15%的复合肥 0.25～0.5 kg，结合施肥灌一次透水；落花后新梢果实迅速生长，需水量较大，可依据土壤墒情，小水勤浇，既要保证供应，又要防止水过量导致裂果，此期应进行叶面喷肥，用 0.3%尿素＋0.2%磷酸二氢钾混合液，间隔10～15 d 连喷 2～3 次；果实开始着色后，应暂停肥水，保持适当干旱，以防裂果；果实采收后追优质复合肥，用量参照萌芽期，并结合灌水；秋季早施基肥，可株施优质有机肥 20 kg＋过磷酸钙 0.5～1 kg，此期正值北方雨季，若降水多可不灌水。

（3）花果管理　重点是保证授粉受精，提高坐果率。栽植时选好授粉品种并合理配置，在开花期应采取如下措施。

①人工授粉　自初花开始，进行 3～5 次人工授粉，确保开花期不同的花朵都能充分及时授粉。亦可在室内放蜂进行授粉，始花期开始，壁蜂效果更好，亩放蜂量 300 头左右即可。

②花期叶面喷药　实践表明：喷 0.2%～0.3%硼砂，可提高坐果率 13%，喷 0.3%尿素＋0.3%磷酸二氢钾可提高坐果率 15%，喷 20～30 mg/kg 赤霉素也可有效提高坐果率。

（4）整形修剪　重点是生长季修剪，目的在于减少无效消耗，改善光照条件，提高产品质量。

①夏剪　主要包括除萌、摘心、疏枝、拉枝开角等。除萌：从春季到初夏，及时将无用或有害的萌芽、萌枝抹除，节约养分；摘心：是樱桃应用最多的一项夏剪技术，方法是当新梢长到 15～20 cm 左右，但尚未木质化之前，掐去新梢先端幼嫩部分。可有效控制新梢旺长，增加分枝级次，促进花芽分化；疏枝：是尽早将直立旺枝、交叉枝、重叠枝、密挤轮生枝疏除，有利于通风透光，减少营养的无效消耗；拉枝开角：果实采收后，为控制枝梢

过旺生长，应对所保留枝梢拉枝开角，使之近水平生长。

②休眠期修剪　主要是平衡树势，维持良好树体结构，进一步调整生长结果关系，方法同扣棚升温前。

（5）病虫防治　樱桃设施栽培中的病虫害主要是穿孔病、流胶病，红蜘蛛、介壳虫、叶蝉等病虫危害，防治方法请参考桃树栽培。

56．樱桃设施栽培的关键技术有哪些？

（1）品种选择　目前适宜北京地区栽培的品种有芝罘红、意大利早红、红灯、大紫、左藤锦、那翁、红艳、佳艳等。

（2）定植　株距×行距为（1.2～2.5）m×（1.5～3.5）m；适宜设施栽培的树形为自然开心形和改良主干形。

（3）配置授粉树　樱桃自花结实力低，必须配置授粉品种，最好能选择2～3个可以互相授粉的优良品种栽植。

（4）温、湿度控制　花期适宜温度20～22℃；适宜湿度30%～50%。

（5）栽培管理要点　定植前，施足底肥，定植后，立即浇水，半个月后，再浇水一次，保证树体的肥水供应，提高成活率。通过生长季修剪，摘心、拿枝、甩放等措施，促进花芽的形成，控制树体旺长。采取适量修剪，轻剪缓放；盛花期喷硼酸，提高坐果率。

（6）病虫防治　针对穿孔病、流胶病，红蜘蛛、介壳虫、叶蝉等病虫危害，进行综合防治。

（四）樱桃设施栽培工作历

57．樱桃设施栽培如何进行周年管理？

樱桃设施栽培2～3年管理工作历如表3-4所示。该工作历可以系统指导果农进行樱桃的设施栽培。

表3-4　樱桃设施栽培周年管理历（2～3年）

月份	物候期	作业项目	技术要点
3～4月	萌芽前后	定植	①栽植密度　单行栽制：1 m×2 m 应挖深、宽各80 cm的定植沟。 ②定干　高度30～40 cm，按温室南低、北高一面坡式。2～3年培养3～4个主枝。 ③配置授粉树　同一温室内配置2～3个授粉品种
4月中旬至6月下旬	新梢生长	修剪	①树形　多采用自然开心形。 ②抹芽　主干部位所发萌芽全部抹除。 ③摘心、拿枝　主枝上的直立枝长达10～15 cm时摘心；主枝延长枝长到40～50 cm时摘心；对摘心后所发副梢，除主枝延长枝外，其余长至20 cm左右时摘心，并连续进行培养果枝。其余萌发新梢一律扭拿至水平状态
		肥水管理	①土壤追肥　樱桃新梢长15 cm时追肥，每株施尿素50 g，一个月后再进行一次；追肥后随即灌水，并及时中耕松土。 ②叶面喷肥　自5月至7月上旬间隔15 d连续喷2～3次0.5%尿素+0.4%磷酸二氢钾
		病虫防治	①穿孔病　可用65%代森锌500倍、农用链霉素3 000倍等。注意药剂的合理配合和药剂的交替使用，以减少喷药次数和病虫的抗药性。 ②蚜、螨　5月上旬开始预视病虫发生及危害情况间隔15～20 d喷一次。蚜虫可用一遍净1 000倍，红蜘蛛可用5%齐螨素8 000倍、5%尼索朗1 500倍或20%螨死净2 500倍，有二点叶螨（白蜘蛛）可喷25%三唑锡1 500倍。 ③流胶病　刮治后，用保护剂（生石灰10份+石硫合剂2份+食盐2份+植物油0.3份+水调制而成）涂抹，也可用大蒜汁涂抹
7～9月	新梢生长花芽分化	病虫防治	同5～6月份
		追肥灌水	7月初，每株施复合肥150～200 g，追肥后马上灌水，及时中耕除草松土。8月初再施硫酸钾200 g。7月中开始半月一次，喷300倍磷酸二氢钾，直到9月底
		整形修剪	重点是拉枝开角、扭旺梢，方法要点同5～6月份，同时，叶面喷PP$_{333}$促花
		施基肥	株施有机肥20 kg，磷酸二铵50 g，沟施施肥后灌1次透水、灌水后中耕松土

续表 3-4

月份	物候期	作业项目	技术要点
10月至11月中旬	落叶休眠	清扫落叶	人工落叶后将叶扫净
		扣膜盖草帘子	11月初扣棚摸，盖草帘，全天保持通风，草帘白天盖，夜里揭，以降低温室内温度到 7.2℃ 以下，即进入休眠，湿度保持 80%～90%
		修剪	冬剪在升温后进行，此次冬剪主要是疏除竞争枝、过密枝和过弱枝，调整树体结构和花芽
11月下旬至12月	休眠到萌芽前	喷药	冬剪后喷 5°石硫合剂，防治各种病虫源
		温、湿度管理	约在 12 月下旬到 1 月上旬。在升温的初期 7～10 d 中，草帘可揭一帘盖一帘，使温度缓慢上升，白天 15℃ 左右，夜里 3～5℃，以后逐渐上升到 18℃ 左右。湿度 60%～80%
		追肥灌水	每株追施尿素 50 g，追肥后及时灌透水。追肥前揭开地膜，灌水后中耕松土后再盖地膜
1月	萌芽开花前	防治蚜虫	萌芽后及时防治蚜虫，喷 10%一遍净 1 000 倍液
		温、湿度	温度最高 20～22℃，最低 5～6℃，湿度 70%～80%
		夏剪	摘心、扭梢、拿枝方法同前
2月	开花期	花果管理	①人工授粉。②放蜜蜂：334m^2（约 0.5 亩）温室放蜜蜂一箱。③喷 0.2～0.3%硼砂，或 0.3%尿素＋0.3%磷酸二氢钾，或 20～30mg/kg 赤霉素均可有效提高坐果率。花期喷赤霉素 50mg/kg
		温、湿度	开花期，温度以 15～18℃ 为宜，最高 20℃，最低 5℃，湿度 45%～65%
		病虫防治	落花后防治蚜虫、红蜘蛛、穿孔病，喷 10%一遍净 1 000 倍加 20%螨死净 2 000 倍＋65%代森锌 500 倍
3月	新梢生长果实膨大	温、湿度	新梢生长，幼果膨大期，温度最高 22～25℃，最低 10℃，湿度 60% 以下
		追肥灌水	坐果后（黄豆粒大小），株施尿素 50g，硫酸钾 50g，追肥后及时灌水，中耕松土。在果实膨大期，株施复合肥 50g，硫酸钾 50g，马上灌水，中耕松土
		病虫防治	同前

续表 3-4

月份	物候期	作业项目	技术要点
4 ～ 5 月	果实成熟采收	温、湿度管理	果实采收前，最高温度 25℃，最低温度 10℃，湿度 60% 以下。外界夜温最低在 10℃以上可解除棚膜
		灌水	灌小水，促果实发育
		采收	果实用手指捏有弹性感时，应采收
5 月中旬至 7 月	新梢生长	病虫防治	防治重点是穿孔病、流胶病、和红蜘蛛。防治方法同前。
		施肥灌水	株施复合肥 100g，肥后灌水
		病害防治	同前
		施基肥	同前
		整形修剪	果实采收后，按既定树形进行整形修剪。疏除过密枝、缓放中庸枝，维持树体结构，留足 50cm 无枝带，控制结果部位外移
			夏剪：用摘心、扭梢、拿枝等方法控制直立、竞争枝，控长促短、适当疏密，解决光照，促进果实生长。留果量按计划株产算出每株留果个数加 20%为一株留果量，壮树壮枝多留，弱树弱枝少留
8 ～ 10 月	落叶休眠	施肥灌水	同前
		修剪	同前
		病虫防治	同前

四、葡萄设施栽培

（一）品种选择

58．葡萄设施栽培选择的原则和依据？

设施栽培投入人力、财力较多，成本高、风险也大，品种选择是成败的关键，必须慎重考虑。以设施内环境特点和栽培目的要求，品种选择应考虑以下几点。

（1）早熟性好　有利于早成熟、早上市，季节差价高，经济效益好。要求露地栽培成熟期最好在8月中旬以前。

（2）生长势中庸，多次结果能力强　适应设施内弱光、高湿特点，有利控制徒长，获得丰产，并周年供应市场。

（3）抗逆性　耐高温、高湿、抗病性强。

（4）自然休眠浅，经济价值高　穗大、粒大、色艳、味浓。

59．适于设施栽培的优良品种有哪些？

目前设施栽培中应用较多的优良品种有：早紫、天康、秦陇大穗、乍娜、京亚、藤稔等（表4-1）。

表4-1　葡萄设施栽培优良品种

品　种	果穗重（g）	果粒重（g）	果粒形状色泽	露地成熟期
大粒六月紫	510	6.0	长椭圆、紫黑色	7月初
早紫	大	5.0～6.0		7月上旬

续表

品　种	果穗重（g）	果粒重（g）	果粒形状色泽	露地成熟期
天康	480	12.6	椭圆形、紫黑色	7月上旬
巨星	600	14.0	长椭圆、鲜红色	7月中旬
凤凰51	347	7.5	近圆形、蓝紫色	7月下旬
秦陇大穗	2 500	14.3	长圆柱、粉红色	7月下旬
乍娜	500	9.7	近圆形、粉红色	7月下旬
京亚	400	11.5	近圆形、紫黑色	7月下旬
藤稔	450	10.0	近圆形、紫黑色	8月上旬
巨峰	500	11.0	近圆形、黑紫色	8月中旬

（二）生长结果习性

60．葡萄的根系及特性有哪些？

形态组成与繁殖方式有关，扦插繁殖的无主根，多芽插穗发育的根系有明显层次；属深根性，主要根层在 20～60 cm，棚架栽培较篱架根系大，分布深，而且偏向架下生长；耐冻能力差（欧亚种−5℃、美洲种−7℃、贝特−11℃、山葡萄−16℃）；根压大（是枝蔓产生伤流的基础）；根系肉质，是 70%以上营养的主要贮藏场所。

61．葡萄的枝蔓类型及特性有哪些？

（1）类型　主蔓、侧蔓、结果母蔓、新梢（图4-1）。新梢包括主梢和副梢、结果新梢和营养新梢、冬芽副梢和夏芽副梢。

（2）特性　组织疏松树液畅通，休眠后期有伤流；顶端优势明显，易形成不定根，尤其节部髓射线发达，营养集中，极易形成根原基。

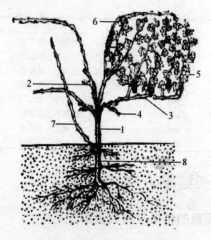

图 4-1　葡萄植株各部分名称

1. 主干　2. 主蔓　3. 结果母枝　4. 预备枝　5. 结果枝
6. 生长枝　7. 萌蘖　8. 根干

62. 葡萄的芽类型及特性有哪些？

（1）冬芽　是鳞芽，具晚熟性，其中有 1 个主芽，3～8 个副芽，俗称芽眼，主芽发育程度深，当年分化 7～9 节，条件适宜可形成花芽，副芽分化浅，潜伏寿命长，可达百年（图 4-2）。

（2）夏芽　为裸芽，具早熟性，当年萌发形成副梢，着生在冬芽的左下或右下方，营养条件好也可形成花芽。

（3）花序、花和卷须　花序为复总状花序，着生于结果新梢的第 3～8 节，侧生于叶片对面，有小花 200～1 500 朵；多数品种为两性花，能自花结实且为闭花受精，花冠呈帽状（图 4-3）；卷须与花序是同源器官，起攀缘固定作用。

图 4-2　葡萄冬芽

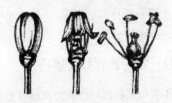

图 4-3　葡萄开花状况

（4）果穗、浆果和种子　果穗由穗梗、穗梗节、穗轴和果粒四部分组成。形状分圆柱形、圆锥形、分枝形等。果穗大小以重量划分为小型（150 g 以下）、中型（150～250 g）、大型（250～600 g）

和极大型（大于 600 g）四个等级。浆果（即果粒）形状有圆、椭圆、卵圆、鸡心等，色泽有黄绿、黄、红、紫、蓝、黑等，风味多种多样。每浆果有种子 1~4 粒，多为 2 粒。

63. 葡萄的年生长发育特性有哪些？

依次分为八个时期，即伤流期（树液流动至萌芽）、新梢生长期（萌芽至开花）、开花坐果期、浆果生长期（坐果至浆果着色）、花芽分化期（始于开花前后，自下向上分化，但基部 1~3 节分化晚）、浆果成熟期（浆果着色至成熟）、新梢成熟期（浆果成熟至落叶）、休眠期（落叶至树液流动）。

64. 葡萄对环境条件有哪些要求？

属喜温树种，根系耐冻能力较差；喜光，但浆果在无直射光的情况下也能着色；对土壤适应性强，耐旱、耐涝、也较耐盐碱。

（三）栽培管理技术

目前生产中主要是两种栽培形式，即一年一栽制和多年一栽制，各有利弊，分述如下。

65. 葡萄的一年一栽制如何进行？

即栽植第二年浆果采收后，原株全部拔掉重栽，也就是年年换苗的栽培形式。其优越性是，有利于实施高度密植（亩栽 800 株以上）、控制株高、品种更新、丰产优质，尤其适用日光温室栽培；缺点是要求肥水、管理条件较高，需有育苗设施配合，是目前辽宁熊岳地区的主要栽培方式。

其栽植密度与所选用架式有关，此种栽培方式一般都采用篱架，常用栽植密度是：

（1）双壁篱架 双行带状栽植，小行距 50～60 cm，大行距 250～300 cm，株距 40～50 cm，亩栽植 740～1 110 株。

（2）单壁篱架 单行栽植，行距 120～150 cm，株距 50 cm，亩栽植 880～1 100 株。

66. 葡萄的多年一栽制如何进行？

即一年栽植连续多年生产的栽培方式，也就是普通露地栽培方式。这种方式在国内仍占主导地位，河北唐山地区即以这种形式为主。同样，其栽植密度也与选用架式密切相关，主要是：

（1）篱架 单行栽植，行距 150～200 cm、株距 50～100 cm，亩栽植 333～880 株。

（2）小棚架 行距 500～600 cm（南北各栽一行或仅栽南侧），株距 50～100 cm，棚架架面向北或者两侧向中间，亦可北侧采用篱架，棚、篱架结合应用，亩栽植 111～444 株。

67. 定植至休眠前如何管理？

目的在于促进植株健壮生长，保证叶片完好，枝梢充实，形成饱满花芽，为翌年丰产奠定基础。

（1）植株管理 植株萌芽后，按不同架式和株距选留芽眼。一般单壁篱架株距 50 cm 的留一个壮芽即可，株距 100 cm 者应留 2 个壮芽，采用双壁篱架和棚架者应增加 1 倍的留芽量。总之，要确保架面上的母枝间距不超过 50 cm，多余的芽全部抹除。新梢长至 30～40 cm 时，开始搭架引绑，使其直立生长，并随时摘除副梢和卷须减少养分消耗，当新梢长至 200 cm 左右时摘心，并保留顶端 2～3 个副梢，每个副梢留 1～2 片叶反复摘心控制，促使主梢成熟、成花。

（2）肥水管理　新梢长 20 cm 时，第一次追肥，株施尿素 20～30 g；新梢长至 40 cm 时，开始追复合肥，以后每隔 50 d 追一次，每次株施复合肥 50～100 g，灌水与施肥结合。

（3）病虫防治　重点是白粉病、霜霉病和红蜘蛛，以化防为主、注意合理用药。

①白粉病　用 25%的三唑铜可湿性粉剂 3 000～5 000 倍液或 50%多菌灵可湿性粉剂 2 000 倍液防治白粉病。

②霜霉病　病菌主要以孢子在病组织中残留于土壤中越冬。条件适宜，卵孢子萌发产生游动孢子，借风雨传播，自叶被皮孔侵入，进行多次侵染。防治方法主要有两种：一是清扫落叶，剪除病梢集中烧毁；二是发病前，喷布 1∶0.7∶200 波尔多液，或 35%碱式硫酸铜悬浮剂 400 倍液，每隔 10～15 d 喷一次，连喷 2～3 次。发病初期喷 25%瑞毒霉可湿性粉剂 800～1 000 倍液。

③红蜘蛛　可在花期前后喷 5%尼索朗 1 000 倍、20%螨死净 2 000 倍和 5%齐螨素 8 000 倍，几种药交替使用。

68. 休眠期如何管理？

自然条件下，葡萄从 9 月开始休眠，10 月中旬已进入深休眠期，本期的主要工作是秋施基肥、整形修剪、覆膜盖草苫等，促其自然休眠顺利通过。

69. 休眠期如何施基肥？

施肥时期因栽培形式而异，一年一熟的不留二次果，在 8 月下旬至落叶前均可进行，但以适当早施为好；一年两熟的，应在二茬果采收前（10 月初）施用。亩施优质农家肥 3 000～5 000 kg，并结合施用磷肥。

70. 休眠期如何整形修剪？

（1）一年一栽制的整形修剪

①定植至扣棚前修剪　萌芽后每株只留一个生长健壮的新梢，新梢长至 40 cm 左右时，搭架引敷，并随时摘除夏芽副梢和卷须，进入 8 月份，新梢长达 200 cm 左右时摘心，顶端保留 2 个副梢，每个副梢留 2 叶反复摘心，促主梢成花。

②扣棚后（12 月下旬至翌年采收）修剪　上架抹芽：萌芽后开始上架，要求母枝在架面上固定均匀、牢固，同时抹除副芽梢，只保留主芽梢；疏梢定枝：当新梢长出 5~7 片叶，能分辨有无花序时，每株选留 5~10 个生长健壮的结果新梢，其余及时疏除，并随时抹除夏芽副梢。

③扭梢　设施栽培中，葡萄发芽往往不整齐，有时顶部芽长到 20 cm，下部芽才萌发，为使开花前枝梢生长均衡，当先发新梢长到 20 cm 左右时，将其基部扭伤，缓其长势，促后发新梢生长。

④引缚绑蔓　使枝梢均匀分布架面，在新梢长 40 cm 左右时进行。

⑤疏花序、打穗尖　一般每果枝留一穗果，留下花序摘去主穗轴前端的 1/5~1/4，此操作在花期进行，集中养分促进坐果。

⑥摘心、去卷须　在少量花序开花时进行，结果枝在果穗上留 5~7 叶摘心，发育枝留 4~6 片叶摘心，顶端留 1~2 副梢，副梢留 2 叶反复摘心；其余副梢全部抹除，梢上卷须全部摘除。

（2）多年一栽制的整形修剪　设施栽培条件下，多年一栽制葡萄的休眠期整形修剪与露地栽培没有多大差别，都要与选用的架式相适应。

①架式与树形 篱架培栽培：架高 1.5 m 左右，南低北高，采用规则扇形整枝方式。即无主干，每株留主蔓 2～4 个（因株距大小而定，要求架面主蔓间距维持 40 cm 左右），每主蔓留 2～3 个结果母枝结果，结果母枝以双枝更新为主（结果母枝按中长梢修剪，预备枝留 2 芽剪截）。小棚架栽培：架面由南向北，或者分别由南北向中脊方向伸展，架面与棚膜间距不得小于 50 cm，采用龙干形整枝方式。即每个主干上培养主蔓 2～3 个（架面主蔓间距 40 cm 左右），主蔓上间隔 30 cm 留一结果枝母组结果，每平方米架面留健壮结果母枝 12 个左右。

②生长季修剪 设施内易出现新梢徒长和长势不整齐的现象，故适时夏剪尤为重要，主要方法与露地栽培相同，但是强度略有差异。主要体现在：留枝密度应比露地减少 1/4～1/3，注意扭枝梢控旺梢，当早发新梢 长至 20 cm 左右时扭伤基部，促新梢平衡生长；定梢时以保留健壮结果新梢为主，适当留预备枝，留梢密度每平方米架面积 12～15 个为宜；新梢引缚、除卷须应比露地更及时，次数相应增加；新梢摘心和副梢处理要与留 2～3 次果综合考虑，不留二次果的，结果新梢在果穗上留 5～7 叶摘心，营养新梢留基部 5～6 叶摘心，副梢除保留顶端 2 个，每个副梢留 2 叶反复摘心控制外，其余全部抹除。

③多次结果修剪技术 逼冬芽结果技术：于开花前 3～5 d，选生长健壮新梢，在果穗上留 6～10 叶摘心（无果梢留 10 叶左右），除顶端保留一个副梢外，其余全部去除，两周后再剪除所留副梢，逼冬芽萌发结果。利用夏芽副梢结果技术：于开花前 10～15 d，选生长健壮新梢，保留先端 2～3 个没有萌发的夏芽摘心，已萌发的夏芽副梢全部抹除 ，若所留夏芽萌发后无花序（此种情况较多），则留 3～4 叶摘心，其所发二次副梢上多数都有花序，

可以结果。

71. 低温促休眠有哪些方法？

植株修剪后，要灌一次封冻透水，然后扣棚（适期为早霜前一周），此期白天盖苫不揭，夜晚通风降温，室内温度控制在0～7.2℃，促使顺利通过自然休眠。

72. 催芽期如何管理？

指从升温开始～萌芽，需有效积温250℃左右，时间大约35 d。管理任务主要是打破休眠、升温催芽、合理控制温、湿度等。

（1）休眠解除与升温时间确定　催芽开始时期确定，主要取决于品种休眠深浅和所用设施类型。葡萄需冷量为1 200～2 000 h，自然条件下，在1月下旬至2月上旬，可通过自然休眠，从生理角度讲，此时升温催芽比较适宜；若要提前升温催芽，必须在自然休眠趋于结束的前15 d左右，采取药剂处理，促使解除休眠。常用的药剂及方法是：石灰氮（氰氨化钙、$CaCN_2$）20%温水浸液或者氨基氰（H_2NCN）3%溶液或者苯六甲酸氰7%溶液等涂抹冬芽。实践证明，可使葡萄提前15～20 d萌芽，且萌芽整齐，抽生果枝也多。需注意的是，对一年一栽制的葡萄枝蔓应从基部40 cm开始向上涂抹，以防基部萌梢过旺。在提前解除休眠的情况下，日光温室可于1月上中旬开始升温催芽。

（2）温、湿度控制　开始升温不能操之过急，以防地温滞后，导致发芽不整齐，花序发育不良。为此，可实施温度分段管理的办法（表4-2）。

表4-2 催芽期温度分段控制指标 ℃

时期	白天		夜间	
	最高	适宜	最低	适宜
升温第一周	20	10～20	5	10～15
第二周	25	20～25	15	15～20
第三周以后	30	28～30	20	20～25

为尽快提高地温，可沿栽植行向加扣小拱棚，将葡萄罩在棚内，促使植株地上、下温度同时上升。小拱棚宽1m，高0.5m即可。

催芽期间要求较高的空气湿度，室内空气湿度应维持80%以上。

（3）配套工作 升温前夕应充分灌水，初期喷5波美度石硫合剂或芽鳞开裂吐绒透绿时喷1波美度石硫合剂，预防病虫发生。

73. 萌芽至开花前如何管理？

本期自芽眼萌动开始直至开花前，植株生育加快，需肥水量大增，管理的主要任务是温、湿度控制、合理供肥供水、植株调整和病虫防治。

（1）温、湿度控制 为防止枝梢徒长，促进花器分化，要施行低温管理，撤掉加扣的小拱棚，白天温度控制25～28℃，夜间保持15℃左右，地温15℃左右；湿度也要降下来，空气湿度维持60%左右为宜。

（2）追肥 视情况追肥1～2次，分别在萌芽前和开花前10d左右进行；花前给氮肥要严格控制，旺树不施或少施，以防徒长影响坐果。一般1～3年生树，株施尿素50g或复合肥70g或腐熟人粪尿2.5～5kg。结合施肥进行灌水，注意防止因灌水增加空气湿度。

（3）生长季修剪

①抹芽定梢　需进行 2～3 次，梢长 10 cm 左右进行第一次，抹除过强、过弱及多余的发育枝、副芽枝、隐芽枝，留梢密度小棚架控制每平方米架面 8～12 个，篱架控制梢间距 20 cm 为宜，使留下梢基本整齐一致。梢长 30～40 cm 时定梢，此时仅除去个别徒长和弱梢即可。

②扭梢　主要是扭先发的旺梢，当旺梢长至 20 cm 时，扭伤其近基部，控制长势，促使新梢平衡生长。

③摘心、去卷须、副梢处理　在开花前 3～5 d 进行，在结果枝在果穗上留 5～7 叶摘心，发育枝留 4～6 片叶摘心，顶端留 1～2 副梢，副梢留 2 叶反复摘心；其余副梢抹除或留一叶摘心，梢上卷须全部摘除。

④引缚绑蔓　使枝梢均匀分布架面，在新梢长至 40 cm 左右时进行。

⑤疏花序、打穗尖　一般每果枝留一穗果，留下花序摘去主穗轴前端的 1/5～1/4，集中养分促进坐果。

⑥应用生长调节剂　目的也是控长促果，故一般用生长抑制剂，以 B_9 最佳。在新梢第七片叶充分展开时喷施，浓度为 0.3%～0.5%，每亩用药量 200 g 左右。

（4）病虫防治　此期多发病虫有灰霉病、黑豆病、穗轴褐枯病、绿盲蝽、红蜘蛛等，应重点预防。

①灰霉病　彻底清除残枝、落叶和病果，在生长季进行化学防治：在开花前喷 50%多菌灵可湿性粉剂 600 倍液，或 70%甲基托布津可湿性粉剂 800 倍液。花后喷 50%速克灵可湿性粉剂 1 500～2 000 倍液，或 70%代森锰锌可湿性粉剂 1 000 倍液。

②黑豆病　主要危害葡萄的幼嫩组织器官如：花穗、幼果、

穗轴、果梗、叶片、新梢和卷须等。防治方法在发芽前喷 3～5 波美度石硫合剂，或 40%福美砷可湿性粉剂 100 倍液。展叶后喷 70%代森锰锌可湿性粉剂 1 000 倍液，或 75%百菌清可湿性粉剂 800 倍液，或 1∶0.7∶200 波尔多液。

③穗轴褐枯病　葡萄上架前喷 3～5 波美度石硫合剂，幼穗伸出后喷一次 50%多菌灵可湿性粉剂 800 倍液，或 70%甲基托布津可湿性粉剂 1 000 倍液；7～10 d 后再喷一次，待穗轴变褐、木质化后停止喷药。

④绿盲蝽　主要危害葡萄的幼嫩组织：如新梢、花穗、幼果等。防治方法是在发芽前清除杂草和落叶，在开花前和落叶后各喷一次速灭杀丁乳油 2 000～3 000 倍液。

⑤红蜘蛛　可在花期前后喷 5%尼索朗 1 000 倍，20%螨死净 2 000 倍，20%三氯杀螨醇 800 倍，5%齐螨素 8 000 倍，几种药交替使用。

74. 开花期如何管理？

本期持续 4～14 d，但多数为 6～10 d，对环境条件，尤其温、湿度敏感，管理任务主要是保花保果，提高坐果率。

（1）温、湿度控制　开花、授粉受精要求较高温度。白天以 25～30℃为宜、夜间保持 15～18℃，超过 35℃或低于 15℃时开花都会受到较大抑制。此期要停止灌水，加强通风换气，将湿度控制在 50%左右，最多不超过 60%，否则将干扰受精，造成严重落花落果。

（2）保花保果　葡萄开花量大，但坐果率很低，主要原因是生长和坐果对营养的竞争所致，在设施栽培条件下，此矛盾会更加突出。因此，提高坐果的关键是适时控制营养生长，采用方法主要是摘心，去副梢、卷须、疏花序、掐穗尖，集中营养保证坐果之需。此外，花期叶面喷硼（0.2%硼砂水溶液）、助壮素（100~150倍液）、B₉（2 000~3 000 mg/kg）、主蔓或结果母枝环剥等也都有明显的促进坐果效果。

75. 浆果生长期如何管理？

本期自子房开始膨大至浆果着色前，是浆果快速生长期，其生长量占总量70%左右，也是营养生长和花芽分化的旺盛时期，对肥水需求量大，是肥水管理的最关键时期。持续时间品种间差异很大，早熟品种35~45 d，晚熟品种70 d以上。本期的栽培管理任务主要是及时追肥灌水，调整生长结果矛盾。

（1）温、湿度控制　花后15 d以内，夜间温度保持20℃左右，以后控制在18~20℃，但不超过20℃；白天保持25~28℃，最高不过30℃为宜。此间，因通风量加大，湿度可任其自然。当外界最低温度稳定在15℃以上时（5月下旬至6月上旬），可揭掉棚膜；若实行促成兼延迟栽培时，由于二次果膨大期正处于气温逐渐下降的10月下旬，为保证二次果生长、应扣膜保温。

（2）追肥灌水　追肥在浆果基本坐稳后进行，以磷钾肥为主，每亩施用量：磷1.5 kg（纯量）钾2.5~3 kg（纯量），灌水要坚持小水勤灌原则，保证供应。

（3）修剪

①副梢处理　此期为副梢发生高峰期，必须及时处理，节约营养，防止光照条件恶化。对花前或花期摘心后所发副梢留2叶反复摘心控制，对后期萌生的芽梢，密生无用者及早疏除。

②果穗管理　为提高果实商品品质，当浆果长至黄豆大小时，将僵果、小果、畸形果、病虫果疏除，过密果也可适当间稀，

促使浆果长大。此外，落花后（10～20 d）用细胞分裂素（5～10 mg/kg）或者吡效隆膨果剂（10 mg/kg）溶液浸果穗，花后一周对主蔓、结果枝（果穗节以下）环剥均能显著增大果粒，并有促进成熟的作用。

（4）病虫防治 防治重点是白腐病、霜霉病和红蜘蛛。

76．浆果成熟期如何管理？

本期自浆果着色至成熟采收，浆果进入第二个生长高峰期，但生长速率不大，新梢继续加粗并开始自下而上木质化。此期还是浆果病害盛发期。栽培管理任务重点是强化病害（白腐病、炭疽病）预防、适当控制灌水、增补钾肥和适时采收。

77．采收后如何管理？

对于一年一栽制的葡萄，5～6 月份果实采收后，立即拔除，整地后，重新栽植新苗。对于多年一栽制的葡萄，要加强病虫防治，健树保叶，促进枝蔓成熟，提高树体营养积累水平，重点抓好秋施基肥，整形修剪工作（方法同前），当外界温度降至 7℃以下时扣棚盖苫，促使植株顺利休眠。

78．葡萄设施栽培的关键技术有哪些？

（1）品种选择 目前适宜北京地区栽培的品种有：早紫、天康、秦陇大穗、乍娜、京亚、藤稔等。

（2）定植 一般采用一年一栽制或多年一栽制。前者：即栽植第二年浆果采收后，原株全部拔掉重栽。此种栽培方式一般都采用篱架，常用栽植密度是：

①双壁篱架 双行带状栽植，小行距 50～60 cm，大行距

250～300 cm，株距 40～50 cm，亩栽植 740～1110 株。

②单壁篱架　单行栽植，行距 120～150 cm，株距 50 cm，亩栽植 880～1 100 株。

后者：即一年栽植连续多年生产的栽培方式。这种栽植方式的密度、架式主要是：

①篱架　单行栽植，行距 150～200 cm、株距 50～100 cm，亩栽植 333～880 株。

②小棚架　行距 500～600 cm（南北各栽一行或仅栽南侧），株距 50～100 cm，棚架架面向北或者两侧向中间，亦可北侧采用篱架，棚、篱架结合应用，亩栽植 111～444 株。

（3）温、湿度控制　开花、授粉受精要求较高温度，白天以 25～30℃为宜，夜间保持 15～18℃，花期适宜湿度 50%～60%。花后 15 d 以内，白天保持 25～28℃，最高不过 30℃为宜。夜间温度保持 20℃左右，以后控制在 18～20℃，但不超过 20℃。

（4）修剪要点

①抹芽定梢　需进行 2～3 次，梢长 10 cm 左右进行第一次，留梢密度：篱架控制每平方米架面积 12～15 个为宜；小棚架控制每平方米架面 8～12 个，篱架控制梢间距 20 cm 为宜，使留下梢基本整齐一致。梢长 30～40 cm 时定梢，此时仅除去个别徒长和弱梢即可。

②扭梢　主要是扭先发的旺梢，当旺梢长至 20 cm 时，扭伤其近基部，控制长势，促使新梢平衡生长。

③摘心、去卷须　在开花前 3～5 d 进行，在结果枝在果穗上留 5～7 叶摘心，发育枝留 4～6 片叶摘心，顶端留 1～2 副梢，副梢留 2 叶反复摘心；梢上卷须全部摘除。

④ 引缚绑蔓　使枝梢均匀分布架面，在新梢长 40 cm 左右时进行。

⑤疏花序、打穗尖　一般每果枝留一穗果，留下花序摘去主穗轴前端的。

（5）病虫害防治

防治对象有：霜霉病、灰霉病、黑豆病、穗轴褐枯病、绿盲蝽、红蜘蛛等。防治要点：萌芽前喷 3～5 波美度石硫合剂，发芽至花序分离期喷 1 500 倍液 10%氯氰菊酯混加 0.5%磷酸二氢钾，花前喷 800 倍液 70%代森锰锌防黑痘病，果实生长期两次喷 1∶0.5∶200 波尔多液，采收前喷 2 500 倍 12.5%烯唑醇混加 0.5%磷酸二氢钾。有条件时罩防虫网，杜绝虫、鸟危害。

（四）葡萄设施栽培工作历

79. 葡萄设施栽培周年如何管理？

葡萄设施栽培 1～2 年管理工作历如表 4-3 所示。该工作历可以系统指导果农进行葡萄的设施栽培。

表 4-3　葡萄设施栽培周年管理历（1～2 年）

月份	物候期	作业项目	技术要点
3月下旬至4月	萌芽前	定植	篱架：南北行定植，株行距 50 cm×（100～150）cm。小棚架：东西行定植，行距 500～600 cm，株距 50～100 m 应挖深、宽各 60 cm 的定植沟。4月上旬定植
		底肥	定植前施足底肥，有机肥 5000 kg/亩
		灌水	定植后修好畦埂，灌一次透水

续表 4-3

月份	物候期	作业项目	技术要点
5月上旬至7月上旬	新梢生长	修剪	①抹芽 萌芽后，每株留 2 个饱满芽，其余全抹掉。 ②引缚绑蔓 当新梢长到 30 cm 时开始上架，使其直立生长，并随时摘除副梢和卷须。新梢在架面上的距离一般 40 cm 左右为适。 ③摘心 当新梢长到 150 cm 左右时摘心，并保留顶端 2 个副梢各留 1～2 片叶反复摘心控长促花
		肥水管理	①土壤追肥 葡萄新梢长至 20 cm 时第一次追肥，每株施尿素 20～30 g，新梢长至 40 cm 时，开始追复合肥，一个月后再进行一次，每次株施复合肥 50～100 kg；追肥后随即灌水，并及时中耕松土。 ②叶面喷肥 自 5 月初至 7 月上旬间隔 15 天连续喷 2～3 次 0.5%尿素＋0.4%磷酸二氢钾
		病虫防治	①白粉病 用25%的三唑铜可湿性粉剂 3 000～5 000 倍液或50%多菌灵可湿性粉剂 2 000 倍液防治白粉病。 ②霜霉病 发病前，喷布 1∶0.7∶200 波尔多液或 35%碱式硫酸铜悬浮剂 400 倍液，每隔 10～15 d 喷一次，连喷 2～3 次。发病初期喷25%瑞毒霉可湿性粉剂 800～1 000 倍液
7月中旬至8月	新梢生长花芽分化	病虫防治	同5～6月份
		追肥灌水	7 月初，每株施复合肥 150～200 g，追肥后马上灌水，及时中耕除草松土。8 月初再每株施硫酸钾 200 g。7 月中开始半月一次，喷 300 倍磷酸二氢钾，直到 9 月底
		夏剪	同前
		病虫防治	同前
9月至10月中旬	根系生长休眠	冬剪	采用规则扇形，无主干，每株留 1～2 个主蔓，每主蔓留 2～3 个结果母枝，结果母枝按中长梢修剪，预备枝留 2 芽剪截
		清园	人工落叶后将叶扫净
		施基肥	施优质有机肥 3 000～5 000 kg，施肥后灌 1 次透水
		扣膜盖草帘子	11 月初扣棚膜，盖草帘，全天保持通风，草帘白天盖，夜里揭，以降低温室内温度到 7.2℃以下，即进入休眠，湿度保持 80%～90%
11月上旬至12月	升温萌芽	升温催芽	①升温 1 月上中旬开始升温。 ②催芽 3%氰基氰或20%石灰氮涂抹枝芽
		温、湿度	白天 20～30℃，夜间 10～20℃，湿度 60%～80%
		喷药	冬剪后喷 5 波美度石硫合剂，防治各种病虫源
		追肥灌水	株施尿素 50 g 或复合肥 70 g，腐熟人粪尿 2.5～5 kg。追肥后马上灌水，注意防止空气湿度的增加

续表4-3

月份	物候期	作业项目	技术要点
1～2月	萌芽后开花前	温、湿度	萌芽期到开花前，温度最高18～20℃，最底5～8℃，湿度50%～65%
		抹芽定梢	需进行2～3次，梢长到10 cm左右进行第一次，抹除过强、过弱及多余的发育枝、副芽枝、隐芽枝，梢长30～40 cm时定梢，篱架控制梢间距20 cm为宜
3月至4月中旬	开花坐果期	夏剪	①扭梢　主要是扭先发的旺梢，当旺梢长至20 cm时，扭伤其近基部，控制长势，促使新梢平衡生长。 ②摘心去卷须、副梢处理　花前3～5 d进行，在结果枝的果穗上留5～7叶摘心，发育枝留4～6片叶摘心，顶端留1～2梢，副梢留2叶反复摘心；其余副梢抹除或留一叶摘心，梢上卷须全部摘除。 ③引缚绑蔓　使枝梢均匀分布架面，在新梢长至40 cm左右时进行。 ④疏花序打穗尖　一般每枝留一穗果，留下花序摘去主穗轴前端的1/5～1/4，集中养分促进坐果
		温、湿度	适宜温度25～28℃，最低10℃，湿度60%以下
4月下旬至5月中旬	新梢生长浆果生长期	夏剪	摘心后所发副梢各留1～2片叶反复摘心控长，其余付梢疏除
		追肥灌水	在浆果生长期，株施复合肥50 g，硫酸钾50 g，马上灌水，中耕松土
		温、湿度	果实膨大期，最高温度30℃，最低温度10℃，湿度60%以下
		病虫防治	①白腐病　发病初期，每月喷依次50%的福美双可湿性粉剂500～700倍液；12.5%的速保得可湿性粉剂1000倍液；65%的代森锰锌可湿性粉剂1 000倍液，几种药剂交替使用，喷3～5次即可。 ②黑痘病　展叶后喷70%代森锰锌可湿性粉剂1 000倍液；或75%百菌清可湿性粉剂800倍液，或1∶0.7∶200波尔多液。 ③炭疽病　当初次发现孢子时，每隔10 d喷一次80%炭疽福美可湿性粉剂500倍液，或50%退菌特可湿性粉剂800～1 000倍液，或75%百菌清可湿性粉剂500倍液；或50%多菌灵600～800倍液。注意几种药剂交替使用
		付梢处理	摘心后所发副梢留2叶反复摘心，对后期萌生的芽梢，密生无用者及早疏除
		果穗管理	当浆果长至黄豆大小时，将僵果、小果、畸形果、病虫果疏除，过密果也可适当间稀

续表 4-3

月份	物候期	作业项目	技术要点
5月下旬至6月	果实成熟采收	病虫防治	防治重点是白腐病、炭疽病和黑豆病等果实病害，防治方法同前
		施肥灌水	控制灌水，增补钾肥
7～10月	新梢成熟	病害防治	同前
		修剪	同前
		施基肥	同前

五、桃树设施栽培

（一）品种选择

80. 品种选择的原则有哪些？

（1）果实发育期短、成熟早　华北地区要求果实发育期在 60 d 以内，露地栽培成熟期在 6 月底以前。在北方高寒地区（东北），由于树体休眠早，可以早升温，也可选用果实生育期 100 d 以内的品种。只有如此，才能体现早、鲜的优势，利用季节差价、获取较高的经济效益。

（2）需冷量低、休眠较浅　果树落叶后进入自然休眠状态，只有满足一定量的低温，解除休眠后才能正常萌芽开花，这种满足休眠所需的低温量叫作需冷量。通常用<7.2℃累积低温时数来表示，简称 CR 值。如果低温没有满足，即使创造适合萌芽开花的温、湿条件，也不能正常发芽，进而影响结果和产量。所以设施栽培必须在满足品种的需冷量后才能升温催芽（表5-1）。

表 5-1　不同品种的需冷量　　　　　　h

品种	需冷量	品种	需冷量
早红 2 号	500	仓方早生	900
五月火	5 000	早露蟠桃	750
曙光	650~700	新红蟠桃	650
瑞光 3 号	850	早红宝石	600
春雷	800	阿姆肯	800
雨花露	800	砂子早生	800~850

品种的需冷量越小，通过休眠的时间越短，可升温的时间也相应提早，比露地的果实成熟期提早的时间就越长，所以进行设施栽培要尽可能选择需冷量少的品种。一般品种要求需冷量在 800 h 以内。否则，升温时间受到限制，早熟效果不明显，季节差价小，得不偿失。

（3）花粉量大、自花结实力强 设施栽培没有昆虫传粉，棚内相对湿度较高，要尽可能选择花粉量大，自花授粉坐果率高的品种，并注意配好授粉树。授粉树一般比例为 1/3。授粉品种最好与主栽品种需冷量相同或略短，花粉量大。采用昆虫授粉时（如壁蜂）开花期要与出蛰期吻合。据费显伟等报道，日光温室利用壁蜂授粉，比自花授粉提高坐果率 18.8%～26.1%。

（4）综合品质优良 主要指果形美观、大小适中、色泽鲜艳、风味浓郁。设施内的环境条件如：温度、光照、湿度等与露地相比有一定差距，对提高果实品质不利，因此对品种风味品质的选择应较高。早熟品种一般个头偏小，故果形、色泽两个外观品质对吸引消费者的视线具有特殊意义，选择品种时应首先考虑。

81. 主要优良品种有哪些？

目前桃树设施栽培以普通桃和油桃为多，主要优良品种有早红珠、早红霞、丹墨、华光、曙光、瑞光 3 号等。

（1）早红珠 全红型极早熟白肉甜油桃。果实近圆形，外观艳丽亮泽，全面着明亮鲜红色。平均果重 92～100 g，最大 130 g。果肉软溶质，肉质细，硬度中等。风味浓甜，香味浓郁。可溶性固形物含量 11%。品质优，黏核，耐贮运性良好。北京地区露地 6 月 18 日至 23 日成熟。果实发育期 62 d。丰产，幼树结果早。铃型花，花粉多。

（2）早红霞　极早熟白肉甜油桃。果实近长圆形，平均果重130 g，最大 170 g。色泽鲜艳，80%以上着鲜红色条斑纹。果肉软溶质，肉质细。风味甜或浓甜，有微香。可溶性固形物含量9%～11%。品质中等，黏核，耐贮运性良好。北京地区露地6月22—26日成熟。果实发育期65 d。该品种果形较大，但果形稍欠圆正，偶有5%～10%果实发生轻度裂果。丰产性较好，花粉多。

（3）丹墨　全红型极早熟黄肉甜油桃。果实圆正，美观亮泽，全面着深红或紫红色。平均果重97 g，最大130 g。果肉黄色，硬溶质。风味浓甜，香味中等。可溶性固形物含量10%～13%。品质优，黏核，耐贮运性好。北京地区露地6月21—26日成熟。

（4）华光　极早熟白肉甜油桃。果实近圆形，外观美丽，成熟时全面着玫瑰红色，平均果重80 g，肉质软溶质，风味甜，有香气，可溶性固形物10%以上，品质优良，黏核。在郑州地区露地栽培5月底到6月初成熟，果实发育期60 d。在栽培中应注意疏果，以增大果实，个别年份有裂果现象。花粉量大，极丰产。

（5）曙光　极早熟黄肉甜油桃。果实近圆形，外观艳丽，全面着浓红色，平均单果重100 g，最大150 g。果肉软溶质，风味甜，有香气，可溶性固形物10%。品质中上，黏核。果实发育期60～65 d，因上色早，可在5月底采收，提早上市。花粉量多，自花授粉坐果率低，需配置授粉树，并严格控制花期温度。

（6）艳光　早熟白肉甜油桃。果实椭圆形，果面80%着玫瑰红色，外观美丽。平均果重 120 g。肉质软溶，风味浓甜，有芳香，可溶性固形物14%。品质优良，黏核。果实发育期65～70 d。花粉量多，丰产。

（7）早红2号　果实圆形，平均果重117 g，最大果重180～220 g，对称，果顶微凹，果皮底色橙黄，全面着鲜红色，有光泽，不易剥离。果肉橙黄色，有少量红色素，肉质硬溶质，汁液中等，风味甜酸适中，有芳香，可溶性固形物 11%，可溶性糖 7.76%，可滴定酸 0.86%，维生素 C 为 80 mg/100g。离核，核色浅棕，裂果现象极少，耐贮运。郑州地区露地 7 月上旬果实成熟，辽宁南部 7 月下旬成熟，果实发育期 90～95 d。

树姿半开张，树势强健，枝条粗壮，各类果枝均能结果，花芽起始节位低，且多为复花芽，花为大花型，花粉多，坐果率 30.4%，生理落果轻，丰产性能好。

（8）早露蟠桃　果形扁平，中等大。平均果重 68 g，最大果重 95 g。果顶凹入，缝合线浅。果皮底色乳黄，果面 50%着红晕，绒毛中等，易剥离。果肉乳白色，近核处微红，硬溶质，肉质细，微香，风味甜，可溶性固形物 9.0%，可溶性糖 7.81%，可滴定酸 0.27%，维生素 C 为 56mg/100 g。黏核，核小，果实可食率高，裂核极少。果实生育期 67 天。

树姿开张，树势中庸，各类果枝均能结果，复花芽居多，花芽起始节位第 1、2 节，坐果率 37.3%，丰产。花为蔷薇型，花粉量多。

（9）早红艳　全红型早熟白肉甜油桃。果实长圆形，外观艳丽，全面着明亮鲜红色。平均果重 100～120 g。果肉硬溶质。风味浓甜，有微香。可溶性固形物含量 10%～11.5%。品质优，半离核，耐贮运性好。北京地区露地 6 月 26 日至 7 月 1 日成熟。花粉多，结果早，丰产。

（10）春蕾　果实卵圆形，平均单果 63 g，最大果重 117 g，果实偏小，两半部较对称，基部不平。果顶尖圆，梗洼中，缝合线浅，成熟状态不一致，顶部先熟。果皮底色乳黄，顶部或阳面着红晕，绒毛中等，易剥离，果肉乳白色，近核处色与果肉色同，顶部有少量红色素，肉质软溶质，汁液多，纤维中，风味淡甜，可溶性固形物 7%～9%。香气淡，核软，半离，重 5 g，卵圆形，浅棕色，易碎裂。果实生育期 56 d。

树姿开张，树势强健。各类果枝均能结果，以长、中果枝为主；复花芽居多，花芽起始节位第 2 节；坐果率高为 39.9%，生理落果轻。丰产性能良好，花粉量多。

（11）五月火　果实较小，平均果重 75 g，最大 110 g；果形卵圆，对称，果顶微凸，缝合线浅。果皮底色橙黄，全面着红色，有光泽，韧性中等，能剥离。果肉橙黄，无红色素，硬溶质，汁液中等，有香气，风味偏酸，可溶性固形物 8.8%，可溶性糖 7.18%，可滴定酸 0.63%，维生素 C 为 75 mg/100 g，黏核。

树姿半开张，树势较强，以中、长果枝结果为主，复花芽居多，花芽较小，极易成花，坐果率 29.8%，丰产性能良好，花粉量多。果实生育期 65 d，抗寒性较弱。注意疏花疏果，以增大果个。

（12）雨花露　果实长圆形，平均单果重 110 g，最大果重 202 g；果顶圆平，两半部对称；缝合线凹入果顶，形成两小峰。果皮底色乳黄，果顶着淡红色细点形成的红晕；绒毛短，果皮中等厚度，韧性强易剥离。果肉乳白，近核处无红色，柔软多汁香气浓，风味甜。可溶性固形物 11.8%，可溶性糖 8.15%，可滴定酸 0.26%，维生素 C 为 46 mg/100 g。核半离，淡褐色。果实生育期 75 d。

树姿开张，树势强健，各类果枝均能结果，花芽形成良好，复花芽居多，花芽起始节位低，坐果率 35.29%，丰产，花粉量多。

（二）生长结果习性

82. 桃树的生长特性有哪些？

（1）地下部分生长　桃属浅根性树种，根系集中分布层在 50 cm 以内。水平分布范围为树冠 2～3 倍，但集中分布在树冠外缘附近。地温 0℃以上开始活动,5℃以上发生新根,15～22℃生长加快,一年中有两次生长高峰期(即 7 月中旬前、9 月中下旬～10 月份)。对氧气要求高,极不耐涝。

(2)地上部分生长 桃树芽为早熟性芽,多为复芽,其中两花一叶三芽复生者居多,萌芽力、成枝力均强,当年可发生多次副梢,隐芽少,寿命短。

83. 桃树结果习性有哪些?

桃树的花芽为纯花芽,纯花芽萌发后只能开花结果不能抽枝展叶。着生在结果枝侧面叶腋间,花单生,多数品种自花结实力强,坐果率高。花芽分化集中于 7～9 月份,复芽彼此分开可认为是花芽分化开始的标志。

结果枝可划分为徒长性果枝、长果枝、中果枝、短果枝和花束状果枝五种类型(图 5-1),除北方品种群品种(不是全部)外,均以中、长果枝结果为主。

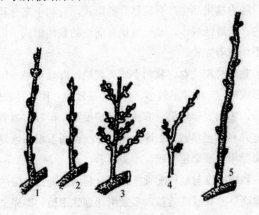

图 5-1 桃树结果枝类型

1. 长果枝 2. 中果枝 3. 短果枝 4. 花束状果枝 5. 徒长性果枝

果实发育分三个阶段，即幼果速生期（细胞分裂为主，持续到花后 2～3 周）、硬核期和果实膨大期（细胞增大为主，以采前 20～30 d 增长最快）。果实成熟早晚主要决定于硬核期的长短。

84．桃树对环境条件要求有哪些？

特喜光，对光照十分敏感；耐旱不耐涝，喜土层深厚、排水良好的沙壤土或轻壤土；需冷量 600～1200 h，休眠期可耐－25～－22℃低温。

（三）栽培管理技术

85．桃的栽培方式与密度有何特点？

栽培方式分为一年栽植多年收获与一年栽植一年收获两种。前者是目前生产中的主要栽培形式，后者是将露地容器培育成花大苗与设施内搞果品生产有机结合的形式，有利于充分利用设施空间，进一步降低成本，是一种很有前途的栽培形式，但技术、经验均不如前者完善。

（1）栽植时期　春、秋两季均可栽植，春栽苗经一年管理，基本可形成树冠，成花量较多，翌年结果较好；秋栽时若伤根多，缓苗期长，影响翌年结果，应注意保护根系，最好容器育苗，带根移栽，并且适当早栽（9 月份）为好，有利于根系恢复和营养积累，为翌年丰产奠定基础。

（2）栽植密度与品种配置　为充分利用设施内有限的土地和空间，提高单产和经济效益，多采用计划性密植，即先密后稀的方式。定植时株距 0.8～1.0 m、行距 1.0～1.5 m，南北行栽植，亩栽 440～830 株；以后随年龄增长，树冠扩大，再进行隔株、隔行间垡；也可利用修剪对临时株加以控制，逐年缩小，待永久株交接时再将临时株全部挖除。

桃树多数品种自花结实力强，但异花结实有利于品质提高，因此最好不要单一品种栽植。一般每室 2～3 个品种为宜，互为授粉树，配置方式参考图 5-2。

```
☆☆☆☆☆☆☆☆☆          ★           ☆☆★☆☆★☆☆
★★★★★★★★★          ☆☆☆         ☆☆★☆☆★☆☆
☆☆☆☆☆☆☆☆☆        ★☆☆★        ☆☆★☆☆★☆☆
★★★★★★★★★          ☆☆☆         ☆☆★☆☆★☆☆
☆☆☆☆☆☆☆☆☆          ★           ☆☆★☆☆★☆☆
```

图 5-2　授粉树排列方式

☆ 主栽品种　　★授粉品种

86．栽植当年成花技术有哪些？

（1）适宜树形及结构特点　目前桃树设施栽培采用的树形主要是自然开心形、V 字形和主干形三种，其基本结构（图 5-3）如下。

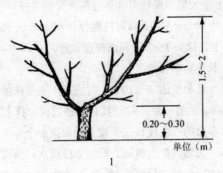

单位（m）

1

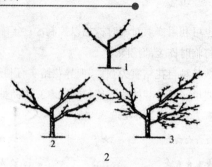

图 5-3　桃树结构

1. V 字形　2. 自然开心形

①自然开心形　无中心干，主干高 30～40 cm，顶端错落着生 3 个主枝，其中第 3 主枝最好向北，主枝开张角度 40°～50°、主枝间平面夹角 120°，不留侧枝，在主枝上直接培养结果枝组结果。

②V 字形　主干高 20～30 cm，顶端培养两个向行向伸展的对生主枝，主枝开张角度 40～50°，不留侧枝、在主枝上直接培养枝组结果。

③主干形　保留中心干，主干高 30～40 cm，在中干上错落着生 6～10 个大型结果枝组（亦可称为控制主枝），枝组下大上小，间距保持 20 cm 左右，同向枝组拉开 40 cm，开张角度 70°～80°。适用于定植头 1～2 年和高密度栽培。

（2）生长季整形修剪

①抹芽　新梢长达 5～10 cm 时进行，主要抹除主干（整形带以下部位）上的萌芽；对已具有主枝的树，抹去竞争枝、背上直立枝、多余的双生枝和三生枝（均保留 1 个）。

②摘心　为迅速扩大树冠、增加分枝级次，当留作主枝的新梢长至 30～40 cm 时进行摘心，促发二次枝。当二次枝长到 30 cm

左右时再摘心。注意摘心时间最晚不能超过 7 月上旬，过晚新发枝成花不好（图 5-4）。

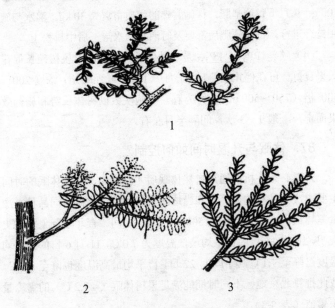

图 5-4　桃树摘心

1. 结果枝摘心（第二年）　2. 主侧枝多次摘心　3. 留 10 个叶片摘心

③扭梢　对摘心后萌发的第二次、第三次直立枝和竞争枝，如果有空间都可以进行扭梢，增加结果部位，缓和生长势，促进成花。

④拉枝　对生长角度较直立的主枝、大枝组，对方向不正、树体较偏的均可进行拉枝，缓和长势，弥补树冠空间。

（3）肥水管理　定植成活后，为了树体迅速形成树冠，要加强肥水管理。当新梢长到 20～30 cm 时进行第一次追肥，以氮为主，株施尿素、磷酸二铵各 50 g；第二次在 6 月中下旬，株施尿素、三元复合肥各 100 g；第三次在 7 月中下旬，株施尿素、硫酸钾各 100 g；9 月下旬施基肥，株施腐熟的优质畜禽粪 30 kg。灌水与施肥结合进行，每次施肥后都要及时灌水，水渗干后中耕松土。

（4）喷施 PP₃₃₃ PP₃₃₃ 是一种生长抑制剂，对桃树控长促花效果良好。可在停止摘心后（7 月中下旬）叶面喷施，浓度 200～300 倍（750～500 mg/kg）为宜。喷施次数以树体长势和施药效果而定，一般 1～3 次，间隔半月左右。

87. 休眠与升温时间如何控制？

升温必须在桃树通过自然休眠后才能开始，通过休眠的时间主要取决于品种的需冷量和当地的气候条件。桃树不同品种需冷量差异很大，变化范围在 500～1 150 h 之间。查北京气象资料史表明，10 月 15 日的日平均最低温度为 7.0℃，11 月 6 日的日平均温度已降至 7.1℃，到 11 月 22 日，日平均最高温度也降至 7.2℃。依此推算北京地区不同时期能满足果树休眠（＜7.2℃）的需冷量积累值（表 5-3）。

表 5-3　北京地区不同时期需冷量积累值

日期（日/月）	计算方法	需冷量积累值
10/12	16×12 ＋ 18×24	624
20/12	16×12 ＋ 28×24	864
31/12	16×12 ＋ 39×24	1 128
10/1	16×12 ＋ 49×24	1 368

可见，在自然条件下，桃树在 1 月上旬基本可通过自然休眠，而休眠较浅的品种（＜800 h），在 12 月 20 日就已经通过自然休眠。因此，北京地区桃树设施栽培升温时间以 12 月下旬为宜。近年

来，气候相对变暖，升温时间只可稍推后而不能再提前。北方高寒地区进入休眠早，解除休眠也早，升温时间还可相应提前一些。

扣棚可在土壤封冻前进行（11 月上中旬）。为保证桃树休眠所需要的低温，应特别注意白天闭棚盖草苫，夜间揭苫强化通风。其优点是既可保证果树通过休眠所需低温，又可防止室内土壤冻结，若扣棚时间提前到 10 月下旬，则棚内有利果树休眠的低温时间还会增加，促进休眠早解除，缺点是相对增加管理成本。

扣棚也可与升温同步进行。其缺点是，室内土壤冻结、地温回升缓慢，导致升温初期室内地、气温不同步，影响桃树正常生长。解决的办法是在扣棚前，提前 1 周覆盖地膜烤地。

88．温、湿度如何控制？

（1）温、湿度控制指标　温、湿度是设施栽培中的关键因素，对桃树的正常发育和成熟期的促进起着决定性的作用。桃树不同生育阶段对温、湿度有着不同的要求（表 5-4）。

表 5-4　桃树不同生育期适宜温、湿度

| 生育期 | 气温（℃） | | | 湿度(%) | 备　注 |
	最低	适宜	最高		
萌芽	0	12～15	28	70～80	防止升温过急，地温滞后，导致叶芽先发
开花期	6	12～14	22	50～60	温度过低花期延长，过高受精不良；湿度过大影响散粉、不利授粉受精
展叶及新梢生长期	10	15～18	25	60	温度过低形成树冠慢，过高枝条徒长
幼果期	>10	22～25	28	50～60	温湿度过高、过低均会导致落果；注意追肥、夏剪和病虫防治
硬核期	>10	20～25	28	50～60	同上
果实膨大期	>10	25	<30	<60	注意补光
果实成熟期	>15	20～25	<30	<60	铺反光膜、提高着色后期逐步揭膜

（2）温、湿度控制　有了适宜的温、湿控制指标，还需正确进行运作才能实现，在实际运作过程中，应特别注意解决好以下几个问题。

①开始升温前　往往会出现气温上升快，地温滞后的现象，导致叶芽先发，先叶后花，严重影响坐果。解决的方法一是采取分步升温的方法。第一步：7 d 左右，揭 1/5 草苫、掀起前沿全部草苫，室内气温控制 8～15℃；第二步：7 d 左右，揭 1/3 草苫，掀起前沿全部草苫，室内气温控制 10～18℃；第三步：18～25 d 后直至开花，开始揭 2/3 草苫，以后逐步增加直到全部揭苫，室内气温控制 10～23℃。总之，就是要防止升温过急，促使室内气温、地温同步增长，协调地上、地下部的生长平衡。二是采用冻土前扣棚、盖草苫降温越冬的方法，防止室内土壤冻结，从而缓解升温后地温回升过慢问题。三是扣棚升温前，提前 7～10 d 覆盖地膜烤地。

②开始升温后　正处外界最冷的季节，温室内特别容易出现中午温度过高、夜间温度偏低、日温差过大的问题。前期导致叶芽先发，花期提前，但坐果低；后期还会出现变形果，危害极大，应予以特别注意。解决的办法一是加强夜间的保温措施是关键，可采取的措施有增加纸被覆盖（辽宁试验可增温 4℃）、后墙张挂反光膜、利用白炽灯加温等，必要时也可用火炉或燃烧液化气临时补充热量。二是注意白天通风换气，控制中午温度过高。

③控制花期的温湿度　桃树开花期对温、湿度十分敏感，温度过高（> 22℃），花柱徒长，湿度过大（> 60%），花药不易开裂，影响散粉和授粉受精，导致坐果少甚至绝产。因此，必须严格控制花期的温、湿度，除加强通风换气控温降湿外，可采取的措施还有，推广滴灌＋地膜覆盖的栽培模式，严禁花期地面灌

水等。

89．升温后如何进行整形修剪？

由于设施内弱光、高温和高湿的环境特点，极易引起树体徒长，加之栽植密度又大，会使光照条件进一步恶化，必须通过修剪措施加以调整，要求比露地栽培更及时、更细致，以确保丰产优质。

（1）开花结果期修剪　主要任务是：剪除无花、无果和多余的少花、少果枝，抹除剪锯口处萌发的无用芽及嫩梢；对有空间位置的新梢摘心（留 10 片叶左右），对背上直立枝和竞争枝密者疏除，不密者进行扭梢或拘拿控势促缓；结果少、整体偏旺者亦可喷施 200～300 倍 PP_{333} 加以控制。

（2）果实采收后修剪　此次修剪十分重要，目的在于维持调整树体结构，培养更新结果枝，控制结果部位外移。主要任务是：缩剪过长、过大及衰弱、冗长的主枝和枝组，需注意留壮枝带头，维持树体结构的均衡；疏除衰弱下垂的已结果枝、细弱枝、病虫枝和背上直立旺枝；对斜生的一年生粗旺枝留 5～10 cm 短截，促发副梢培养健壮结果枝；生长中庸枝不动。通过修剪，保留株行间无枝带为株行距的 1/3。这次修剪量较大，应注意剪锯口的保护。

（3）6 月中旬至 9 月份修剪　主要任务是：疏密枝、控旺枝（扭梢、拘枝），打开光照、缓势促花，培养健壮结果枝。要配合叶面喷施 PP_{333}，浓度 100～300 倍，次数以树势和前次施药效果而定，一般 1～3 次，间隔半个月左右。过旺树亦可适当断根控制。

（4）冬季修剪　在扣棚前或升温前进行均可，其方法要领是：

①骨干枝修剪　延长枝按长粗比（25～30）：1 剪截，一般留30～40 cm，相邻树头枝交接时交替回缩，维持原树冠大小。注

意平衡骨干枝长势，维持树体结构。

②结果枝组修剪　控背上促两侧、疏弱留壮、去远留近、相互错开空间，控制结果部位外移。

③结果枝修剪　一般长果枝剪留 8～10 节，中果枝剪留 5～7 节，短果枝剪留 2～4 节，花束状果枝只疏不截；密生中长果枝去直留平斜，果枝间距拉开 15 cm 左右。

总之，与露地栽培修剪原则基本相同，只是骨干枝级次、数量减少，控冠较严，更注重结果枝组的更新保健和外移控制，结果枝剪留较长，留枝密度略小而已。

90．升温后如何进行肥水管理？

设施栽培条件下，桃树需肥水特点与露地基本相同，但由于环境变化，肥水管理也有自己的特点。施肥主要是基肥和追肥，施肥方法有沟状、环状和放射状施肥（图 5-5）。

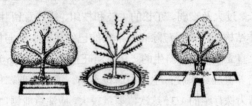

图 5-5　施肥方法

（1）重视有机肥　有机肥除供给桃树所需营养外，其分解产生的二氧化碳能有效地弥补室内二氧化碳浓度的不足，提高光合作用效果，改善果实品质。施用的有机肥一定要充分腐熟，施用量应达到斤果斤肥或二斤肥的水平，时间仍以秋季（9 月份）为佳。

（2）依物候期追肥　与露地相比各物候期对肥水的要求是一样的，因此追肥仍需按物候期。重点抓升温初期（萌芽前）、开花后（果实脱萼）、硬核期和果实膨大四个关键时期，前期以氮为主，后期增施磷钾，尤其注重钾肥施用。要注意肥料适当深施，防止肥料熏蒸危害。

（3）结合施肥灌水 灌水期间要加强通风，防止增大空气湿度，要大力推广滴灌加地膜覆盖的栽培方式。注意避免上湿下干现象，确保水分供应。

91．升温后如何进行花果管理？

（1）保花保果 尽管桃树多数品种自花结实力强，但在设施栽培条件下，由于传粉、授粉受精条件不佳，往往坐果偏少，甚至绝产。因此，保花保果是设施栽培的首要工作。其关键是开花期抓好引蜂（壁蜂最好）授粉和人工辅助授粉（图5-6），方法要领同露地栽培，同时强化通风、严格控制室内空气湿度，确保充分受精，提高坐果。其次是疏果，与露地栽培不同，设施栽培桃不疏花，只疏果，而且疏果也要分次进行，在硬核前进行最后定果。疏果原则、方法和留果标准基本同露地栽培。

图5-6 人工授粉

1．盛粉器 2．授粉

（2）提高果实品质

①人工疏果　在硬核期进行人工疏果，可使树体养分供应集中，树体的结果数量减少，单果重量、单位面积产量、优质果品、一级果数量增加，从而提高了果实品质。

②喷施 PP_{333}　PP_{333} 是一种生长抑制剂，能够有效地控制桃树的营养生长，促进桃树的花芽分化，提高桃果实品质。

③套袋、铺反光膜　定果后套袋，使果面光洁，避免病虫危害，避免农药残留。在采收前一个月在后墙和地面铺反光膜，可以增加果实的光照面积和强度，使果实着色好、含糖量高、品质佳。

92．升温后如何进行病虫防治？

日光温室里的桃树，发生较多的病虫害有蚜虫类、叶螨类、桃潜叶蛾、细菌性穿孔病等，综合防治归纳如下。

（1）蚜虫类　有粉蚜、桃蚜、瘤蚜等，防治的关键时期是开花前后各喷一次 1 000 倍一遍净，可控制发生。

（2）叶螨类　有山楂叶螨、二点叶螨等，可在花期前后喷 5%尼索朗 1 000 倍、20%螨死净 2 000 倍、20%螨死净悬浮剂 2 000～3 000 倍液、5%齐螨素 8 000 倍，几种药交替使用。

（3）桃潜叶蛾　当有零星叶片被害时，可喷 25%灭幼脲 3 号 1 000 倍液，连喷 2～3 次，也可防治食心虫类、卷叶虫类等鳞翅目害虫。

（4）细菌性穿孔病　预防可用 70%代森锰锌 500 倍液，在发病前开始喷药，半个月一次连喷 2～3 次。对已发病的可喷下列药剂：72%的农用链霉素 2 500 倍液、硫酸链霉素 3 500 倍液，锌铜石灰液，配方为硫酸锌、硫酸铜各 250 g、生石灰 1 000 g、水 100 kg。自叶片发现病斑后，10～15 d 喷一次连喷 3～4 次可控制危害。

93. 桃树设施栽培关键技术有哪些？

（1）品种选择　根据当地的实际情况，如：气候、土壤、设施环境等选择适宜的品种。早红珠、早红霞、北农早艳等都是北京地区适宜的品种。栽植密度一般为（0.8～1.0）m×（1.0～1.5）m，南北行栽植，亩栽 440～830 株。桃树多数品种自花结实力强，但异花结实有利于品质提高，因此最好不要单一品种栽植。一般每室 2～3 个品种为宜，采用隔行配置。

（2）整形修剪　目前桃树设施栽培采用的树形主要是自然开心形、V 字形和主干形三种，确定树形后，及时进行整形修剪。

①结果前整形修剪　主要包括：抹芽、摘心、扭梢、拉枝。主要抹除整形带以下部位的萌芽及竞争枝、背上直立枝、多余的双生枝和三生枝。当留作主枝的新梢长至 30～40 cm 时进行摘心，促发二次枝。当二次枝长到 30 cm 左右时再摘心，对摘心后萌发的二三次直立枝和竞争枝，如果有空间都可以进行扭梢，增加结果部位，缓和生长势，促进成花；对生长角度较直立的主枝，对方向不正、树体较偏的均可进行拉枝，缓和长势，弥补树冠空间。

②开花结果期修剪　主要是剪除无花、无果和多余的少花少果枝，抹除剪锯口处萌发的无用芽及嫩梢，对有空间位置的新梢摘心（留 10 片叶左右），对背上直立枝和竞争枝密者疏除，不密者进行扭梢或捋拿控势促缓，结果少、整体偏旺者亦可喷施 200～300 倍 PP_{333} 加以控制。

③果实采收后修剪　主要是缩剪过长、过大、衰弱、冗长的主枝和枝组，留壮枝带头，维持树体结构的均衡，疏除衰弱下垂的已结果枝、细弱枝、病虫枝和背上直立旺枝，对斜生的一年生粗旺枝留 5～10 cm 短截，促发副梢培养健壮结果枝，生长中庸

枝不动。通过修剪，保留株行间无枝带为株行距的 1/3。这次修剪量较大，应注意剪锯口的保护。

④冬季修剪 a.骨干枝修剪：延长枝按长粗比（25～30）：1剪截、一般留 30～40 cm，相邻树头枝交接时交替回缩，维持原树冠大小。注意平衡骨干枝长势，维持树体结构。b.结果枝组修剪：控背上促两侧、疏弱留壮、去远留近、相互错开空间，控制结果部位外移。c.结果枝修剪：一般长果枝剪留 8～10 节，中果枝剪留 5～7 节，短果枝剪留 2～4 节，花束状果枝只疏不截；密生中长果枝去直留平斜，果枝间距拉开 15 cm 左右。

（3）温、湿度控制 温、湿度控制是设施栽培中的重中之重。开花期适宜温度为 12～14℃，湿度 60%；果实生长期适宜温度为 25～28℃，适宜湿度为 50%～60%。桃树开花期对温、湿度十分敏感，温度过高（>22℃），花柱徒长，湿度过大（>60%），花药不易开裂，影响散粉和授粉受精，导致坐果少甚至绝产。因此，必须严格控制花期的温、湿度，才能保证丰产。

（4）土肥水管理 注意施足底肥，加强追肥，施肥后及时灌水。

（5）病虫防治 日光温室里的桃树，发生较多的病虫害有蚜虫类、叶螨类、桃潜叶蛾、细菌性穿孔病等，注意综合防治。

（6）提高果实品质 通过进行人工疏果、喷施 PP_{333}、套袋、铺反光膜等技术措施提高果实的品质。

（四）桃树设施栽培工作历

94. 桃树设施栽培如何进行周年管理？

桃树设施栽培 1～2 年管理工作历如表 5-5 所示。该工作历可以系统指导果农进行日光温室桃树的栽培。

表 5-5 日光温室桃树 1～2 年工作历

月份	项目	田间作业
4 月	定植	株行距 1 m×1 m 或 1 m×1.5 m 的应挖深、宽各 60 cm 的定植沟。4 月上旬定植
	定干	定干高度 30～50 cm，按温室前坡骨架南低、北高一面坡式
	灌水	定植后修好畦埂，灌一次透水
	盖地膜	中耕松土后按行覆盖地膜
5 月	立竹竿	距树干 4 cm 处立竹竿，将树干和第一芽枝绑在竹竿上，使之直立生长，作中心干的延长枝
	治蚜虫	蚜虫发生后喷 10%一遍净 1 000 倍，连喷 2 次
	治红蜘蛛	山楂叶螨喷 5%尼索朗 1 500 倍或 20%螨死净 2 500 倍，白蜘蛛喷 25%三唑锡 1500 倍
	治穿孔病	喷 65%代森锌 400～500 倍。 喷 75%农用链霉素 3 000 倍。 锌铜石灰液：配方是硫酸锌 250 g，硫酸铜 250 g，生石灰块 1 000 g，水 100 kg。 以上三种药交替使用，不能连用一种
	追肥	桃树新梢长 20 cm 时追肥，每株施尿素 100 g，磷酸二铵 100 g，距树干 30 cm 远开环状沟施
	灌水	追肥后马上灌水
6 月	叶面喷肥	自 5 月初至 7 月上旬半月喷一次 300 倍尿素
	摘心	中心干延长枝长 50～60 cm 时摘心。第 2 芽枝以下各新梢长 30 cm 时摘心
	治红蜘蛛、潜叶蛾、穿孔病	灭幼脲 3 号 1 000 倍＋65%代森锌 500 倍。 喷 5%齐螨素 8 000 倍＋灭幼脲 1 000 倍＋农用链霉素 3 000 倍，上述两种配方交替使用
	解除地膜	6 月初解除
	追肥	6 月初追肥每株尿素 100 g，桃树专用肥 150 g，开 6～8 条放射状沟
	灌水	追肥后马上灌水，解除地膜后视墒情及时灌水
	中耕	灌水后，雨后及时中耕，保持土松草净
	摘心，扭梢	上次摘心后发出的付梢长 30 cm 时再次摘心，对背上直立枝扭梢控长。中心干延长枝摘心后发出的第一芽枝用麻绳绑在竹竿上作延长枝，第二芽枝以各枝作主枝，长到 30 cm 长时也摘心

续表 5-5

月份	项目	田间作业
7 月	防治红蜘蛛、潜叶蛾、穿孔病	方法同 6 月
	追肥	7 月初，每株施桃树专用肥 250 g＋硫酸钾 100 g
	灌水，中耕	追肥后马上灌水，及时中耕松土，除草
	叶面喷肥	自 7 月中旬开始半个月一次，喷 300 倍磷酸二氢钾，直到 9 月底
	喷多效唑	7 月 20 日喷 200 倍多效唑，连喷 2～3 次，叶片皱折，新梢停长后为止
	拉枝	将主枝开张角不足 70° 的拉枝到 70°～80°
8 月	追肥	8 月初，每株施桃树专用肥 300 g 加硫酸钾 200 g
	灌水	追肥后马上浇水
	中耕，除草	灌水后及时中耕，除草
	防治红蜘蛛、潜叶蛾、穿孔病	方法同 5 月
	喷多效唑	8 月上旬喷布 2 次 200 倍多效唑
	叶面喷肥	种类、浓度同 7 月中旬
	排水防涝	大雨前将畦埂整平，以便雨水流出，防积水，油桃积水 24 h 后就死树
	中耕，松土	雨后中耕，除草
9 月	施基肥	9 月初，株施有机肥 30 kg，磷酸二铵 100 g，沟施
	灌水	施肥后灌一次透水
	中耕	灌水后中耕松土
10 月	灌水，中耕	10 月下旬灌水，中耕松土
	清扫落叶	人工落叶后将叶扫净
	盖地膜	扣棚膜前 1 个月盖地膜，提高地温
11 月	扣膜，盖草帘子	11 月初扣棚摸，盖草帘，全天保持通风，草帘白天盖夜里揭，以降低温室内温度到 7.2℃ 以下，即进入休眠，湿度保持 80%～90%

续表 5-5

月份	项目	田间作业
12 月	修剪	冬剪在升温后进行,此次冬剪不要求按既定树形修剪,主要是疏除直径 0.8 cm 以上和 0.4 cm 以下的过强和过弱的结果枝,对延长下垂结果枝剪留 1/3~1/2。平伸或斜上伸结果枝缓放,待坐住果后再酌情缩剪,保有足够的花量
	喷药	冬剪后喷 5 波美度石硫合剂,防治各种病虫源
	升温后的温、湿度管理	升温时间的确定是据所栽桃树品种休眠需低温度决定的,艳光、曙光、瑞光 3 号约需 800~900 h,可自温室内温度降到 7.2℃ 以下的累积温度够上述小时数后即可升温。在升温的初期 7~10 d 中,草帘可揭一帘盖一帘,使温湿度缓慢上升,白天 18℃ 左右,夜里 3~5℃,以后逐渐上升到 25℃ 左右。湿度 80%~90%
	追肥、灌水	每株追施尿素 100 g,桃树专用肥 100 g,追肥后及时灌水。追肥前揭开地膜,灌水后中耕松土后再盖
1 月	防治蚜虫	萌芽后及时防治蚜虫,喷 10%一遍净 1 000 倍液
	温、湿度管理	萌芽期到开花前温度最高 22~25℃,最底 4~5℃,湿度 80%~90%
2 月	授粉	① 人工点授。 ② 放蜜蜂:334 m² (半亩) 温室放蜜蜂一箱
	温、湿度管理	开花期温度以 22℃ 为宜,最高 25℃,最低 5℃,湿度 50%~60%
	追肥灌水	落花后防治蚜虫、红蜘蛛、穿孔病,喷 10%一遍净 1 000 倍加 20%螨死净 2 000 倍+65%代森锌 500 倍
3 月	疏果	落花后 20 d 疏果,30 d 定果,留果量按计划株产算出每株留果个数加 20%为一株留果量,壮树壮枝多留,弱树弱枝少留
	温、湿度管理	新梢生长期,硬核期,温度最高 25~28℃,最低 10℃,湿度 60%以下
	夏剪	用短截、疏枝方法疏除多余枝条,解决光照,促进果实生长
	喷多效唑	在新梢长 30 cm 时,喷多效唑 200 倍控制新梢旺长
	追肥、灌水	果实硬核前株施尿素 100 g,硫酸钾 100 g,追肥后及时灌水,中耕松土

续表 5-5

月份	项目	田间作业
4月	温、湿度管理	果实膨大期，最高温度 28℃，最低温度 15℃，湿度 60% 以下
	夏剪	同 3 月
	喷多效唑	3 月喷后控长效果不好，可再喷 200 倍
	追肥，灌水	在果实膨大期，株施桃树专用肥 100 g，硫酸钾 100 g，马上灌水，中耕松土
	病虫防治	红蜘蛛，潜叶蛾可喷 55 尼索朗 1 500 倍＋灭幼脲 3 号 1 500 倍。如有穿孔病发生喷农药链霉素 3 000 倍
5月	温、湿度管理	果实采收前最高温度 28℃，最低温度 15℃，湿度 60% 以下
	灌水	灌小水，促果实发育
	夏剪	同上月
	采收	果实用手指捏有弹性感时，应采收
	解除棚膜	外界夜温最低在 10℃ 以上可解除棚膜
采收后到扣膜前	整形修剪	果实采收后，按既定树形进行整形修剪
	施肥，灌水	修剪后株施有机肥 20 kg，加尿素、二铵各 100 g，施后马上灌水
	夏剪	用疏枝、拉枝、摘心等方法
	追肥	7、8 月各追肥一次桃树专用肥＋尿素各 100 g
	喷多效唑	7、8 月各喷一次多效唑 200 倍

六、杏树设施栽培

（一）品种选择

95. 适宜设施栽培的品种有哪些？

同桃树一样，杏树设施栽培品种也应选择成熟早、果个大、着色好、风味浓、需冷量低、休眠浅的品种栽培。此外，要重点考虑品种的花器败育和自花结实特点，应尽量选用花期败育率低、自花结实力强的品种栽培。

适宜设施栽培的优良品种有：金太阳、红荷包、红丰、新世纪、莱西金杏、凯特杏、大果杏、曹杏等（表6-1）。

表 6-1　杏树设施栽培优良品种

品种名称	产地或育种单位	果型色泽	单果重（g）	露地成熟期（月）	备注
金太阳	欧洲	近球形、底金黄着红晕	66.9	5 下	花器败育率低
红荷包	山东		50~80	5 下	
红丰	山西果树所	近圆形底黄、鲜红色	56	5 下	开花晚、花器败育率低
新世纪	山西果树所	卵圆形、底橙黄粉红色	68.2	5 下	自然受粉坐果率低
莱西金杏	山东	近圆形	85.3	6 下	花粉多、自花结实率高
凯特杏	美国	近圆形	105.5	6 中	丰产、耐瘠自花结实高
大果杏	山东陵县	平底圆形	66.7	6 上	
曹杏	河南舞钢	圆或卵圆形深黄色	125	6 上	果大、抗病、甜仁

(二) 生长结果习性

96. 生物学特性有哪些？

(1) 生长特性　同桃树相比，根系强大、耐旱、耐瘠，分布较深且广。萌芽、成枝力较弱，潜伏芽多，寿命长，新梢有自枯现象，顶芽系伪顶芽。生长势弱于桃、李，但幼年树长势较强。

(2) 开花结果习性　花芽系纯花芽，侧生，一般只有一朵花，花芽单生者坐果低，而与叶芽并生呈复芽者坐果高。以短果枝和花束状果枝结果为主，尤以 2～4 年生枝段上的花束状果枝结果好，结果部位外移不如桃明显、但较李树稳定性稍差。

花芽分化容易，但分化过程中败育现象较重，尤其雌蕊退化多（除遗传因素外后期营养是关键），因此往往开花量大、坐果率很低，是杏树产量低而不稳的主要原因之一。自花结实能力低，需配置授粉树。开花早，易受晚霜冻害，是影响杏树稳产的又一重要原因。

(三) 栽培管理技术

97. 栽植方式、密度及配置授粉树有哪些技术要点？

(1) 栽植方式、密度　可采用双行带状栽植或单行栽植，前者株距 1 m、带内行距 1 m、带间距 1.5 m（1 m×1 m×1.5 m），后者株距 1 m、行距 1.5 m（1 m×1.5 m）均为南北行向栽培，亩栽 444～516 株。

(2) 苗木准备、土壤改良　最好采用一年生壮苗。栽前要进行土壤改良、增施有机肥，可挖大穴或者顺行向挖沟，亩施腐熟有机肥（圈粪）6 000～8 000 kg 或者鸡粪 2 000～3 000 kg，最好定植前年秋天进行并浇水沉实，春天定植时再挖小坑栽植。

（3）配置授粉树　杏树自花结实率极低，必须配置授粉品种。要求在同一设施内最好能配置 2 个以上授粉品种，以保证授粉坐果。

98．定植当年如何进行缓苗、肥水管理？

（1）缓苗期管理　为加快缓苗，保证成活，栽前最好用生根粉处理苗木根系（ABT 生根粉 50 mg/kg 浸泡 4 h 左右），栽后及时灌透水、覆盖地膜增温保墒。若栽植成花大苗，效果更好，应推广应用。

（2）肥水管理　要贯彻前促后控原则。前促是指在 7 月中旬前应"施足肥料灌足水"，达到"枝叶繁茂长树快"；后控是指在 7 月中旬后要"控肥控水控生长"，从而达到"形成花芽有保障"的目的。

具体做法是，当新梢长到 15 cm 左右时开始追肥，土壤追肥与叶面喷肥相结合，土壤追施尿素，每株 40～50 g，叶喷 0.5%尿素＋0.4%～0.5%磷酸二氢钾，间隔 15 d 左右，连续进行 2～3 次并结合施肥进行灌水。若定植时底肥充足，8 月份以后至扣棚前可不再追肥、灌水。

99．定植当年如何进行树体管理？

（1）整形修剪　设施栽培树体结构多采用多主枝开心形和改良主干形。

①多主枝开心形　采用多主枝开心形，定干高 50 cm 左右、南低北高，5 月中下旬选择长势、方位、角度适宜新梢 4～6 个，作为预备主枝培养，其余新梢全部抹除；6 月上中旬新梢长 60～

70 cm 时，留 50～60 cm 摘心，促发二次枝，以增枝扩冠；7 月上中旬选择 3～4 个新梢作永久性主枝，开张角度到 60°，其余新梢作辅养枝，开角到 80° 以上；对主枝上的直立旺枝，反复摘心控制，过多过密的可以适当疏除。杏树萌芽力、成枝力都比较弱，为保证一定的枝量，尤其是培养主枝的需要，可以采用定位刻芽技术，即在需要萌枝的芽上方 1～2 mm 处用小钢锯横拉一锯，要适当伤及木质部。

②改良主干形　采用改良主干形，定干高 80 cm 左右，注意保持中干生长优势，在中干上分 2～3 年培养控制主枝（或称枝组）7～8 个，开角到 80° 左右，主枝间距 20～30 cm；主枝剪控及其上枝组培养方法同多主枝开心形，树高控制在 2.5 m 左右。

落叶后扣棚前冬剪，主要是调整树体结构，对主枝头轻短截，疏除过多、过密及背上直立旺枝，进一步平衡树势、枝势，保证光路畅通。

（2）控长促花　进入 7 月份以后树体进入旺盛生长期，又是杏树花芽分化的关键时期，为促进当年成花，必须控制过旺的营养生长，所采用的主要方法是：

①人工调控　主要是生长季修剪，常用措施有摘心、扭梢、拿（捋）枝、拉枝开角、环割、环剥等，可因枝梢生长状况而灵活应用。

②化学调控　主要是叶面喷施 200～400 倍多效唑（即 PP_{333}）液，抑制新梢生长，促进成花。一般于 7 月 15～20 日喷第一次，以后每隔 10～15 d 喷一次，连喷 2～3 次。此外，据报道：叶面喷施阿拉（即 B_9）可明显减少花器败育，增加完全花数量，试验表明喷施 1 000 mg/kg（5～6 月份进行）B_9 可降低雌花败育 18.4～26.9 个百分点，喷施 2 000 mg/kg B_9 雌花败育降低 28.0～21.1 个

百分点，效果优于施用多效唑，可以试验应用。

100．定植当年怎样扣棚升温？

升温必须在杏树高质量完成自然休眠的前提下开始。

为创造适宜的休眠条件（0～7.2℃），并避免土壤冻结，北方果农多在杏树自然落叶后到土壤冻结前（11 月上中旬）就将棚膜扣上。但是白天不揭苫（防止日光照射升温），夜晚揭苫通风降温，促使杏树早休眠，提高休眠质量。

杏树品种需冷量多在 700～1000 h，京郊地区自然条件下 12 月中下旬可以通过自然休眠，因此揭苫升温时间宜在 12 月下旬至翌年 1 月上中旬开始，应依所用设施的保温效果灵活掌握。

101．扣棚升温后如何管理？

（1）温、湿度控制　杏树不同生育期对温、湿度要求不同（表6-2），尤其开花坐果期对温、湿度更敏感，需严格按其生育要求控制。

表 6-2　杏树各生育期温、湿度适宜范围

生育期	温度（℃）		湿度（%）
	白天	夜间	
萌芽前	10～20	＞5	＜80
开花期	15～18	7～8	45～65
幼果期	15～24	＞8	56～60
果实膨大期	12～28	10～15	50～65
果实近熟期	22～32	10～15	50～60

温湿度控制应注意以下几点。

①为防止地温滞后，最好在扣棚前 20 d 左右先覆盖地膜烤地，如此可使扣棚前后地温提高 2～3℃。

②升温开始应循序渐进，防止升温过急。先拉起 1/3 草苫，

再拉起 1/2 草苫，最后拉起全部草苫，整个过程持续 7～10 d。

③开花期白天最高温不得超过 23℃，花后 10 d 以内，白天最高温度不得超过24℃，夜间温度不能低于 5℃，否则易形成寒害，当外界夜温稳定高于10℃时，可停盖草苫。

（2）肥水管理　仍然贯彻前促后控的原则。要点是：扣棚前灌一次透水，花期严格控制灌水、防止湿度增大影响授粉受精。施肥方面，前期可参照栽植当年管理办法进行，但在果实膨大前要增施钾肥（株施硫酸钾复合肥 50～100 g）；采收后应及时补施一次肥，以磷、钾肥为主，并注意防病虫保叶、促进花芽分化，减少花器败育的几率；有机肥（基肥）在 9 月下旬至 10 月上中旬进行，用量每亩鸡粪 1 000 kg 或者厩肥 3 000～4 000 kg，要结合施用磷肥，弱树、结果多树适当补氮，为翌年丰产打好基础。

（3）花果管理　重点是保花保果，主要措施是严格控制花期温、湿度，实行低温、低湿管理；人工辅助授粉或放蜂，保证充分授粉受精。另据报道，花期喷赤霉素（50 mg/kg）、青霉素（100～300 mg/kg）均有提高坐果的效果，可试验应用。由于杏树落果持续时期比较长，因此疏果不宜过早，重点疏除并生果、小果、畸形果，留果量一般掌握长果枝留 3～4 果、中果枝留 2～3 果、短果枝和花束状果枝留 1 个果即可。

（4）树体管理　主要是整形修剪，基本原则、方法与栽植当年，基本相同，但要注意以下几点。

①升温以后，当新梢长到 15～20 cm 时，应及时摘心促枝，防止光腿；对过旺新梢（背上枝居多）要通过扭、捋、割、剥、拉平等技术缓和其生长势，平衡生长；对过密枝及时疏除，防止干扰光照。

②果实采收以后，要适度回缩过高、过大骨干枝，平衡枝势、

控制树体大小；缩剪复壮衰弱枝组，促发新枝；7 月上中旬开始拉枝、疏密，同时应用 PP_{333}、B_9 等生长抑制剂控长促花。

③休眠期修剪在扣棚前进行，目标是维持树体结构，留足健壮结果枝，进一步平衡枝势和生长结果关系。依据杏树生长结果习性（萌芽成枝力较弱，以短果枝和花束状果枝结果为主，对光照较敏感等），修剪要点是：头枝适度短截，发育枝少疏多截，疏旺放中庸，中、短果枝多缓少截，枝组更新以缩剪为主，非密不疏，始终保持最佳枝龄（2～3 年）段结果。

（4）病虫防治　主要害虫有蚜虫、粉虱、红蜘蛛、潜叶蛾等，病害为穿孔病。防治的关键是扣棚后萌芽前喷 3～5 波美度石硫合剂，花前喷 5%蚜虱净 3 000 倍液、杀菌剂索利巴尔 120 倍液。其他防治方法可参考桃树病虫防治。

102．杏树设施栽培的关键技术有哪些？

（1）品种选择　目前适宜北京地区栽培的品种有：凯特、红荷包、金太阳、红丰、新世纪等。

（2）定植　可采用双行带状栽植或单行栽植，前者株距×行距为 1 m×1 m×1.5 m；后者株距×行距为 1 m×1.5 m。亩栽 444～516 株。

（3）温、湿度控制　花期适宜温度 15～18℃，适宜湿度 45%～65%。

（4）保成活，促生长　定植前，施足底肥，定植后，立即浇水，半个月后，再浇水一次，保证树体的肥水供应，提高成活率。当新梢生长达到 50 cm 时，选择方位适合，角度适宜，生长均衡的 4～5 个新梢，作为主枝，并对其摘心，促发分枝，以形成结果枝组。其余枝条缓放。

（5）控旺长，促成花　通过生长季修剪，摘心、拿枝、环割、甩放等措施，促进花芽的形成，控制树体旺长。

（6）缓树势，保坐果　采取适量修剪，轻剪缓放，开花前喷赤霉素；盛花期喷硼酸，坐果后进行主干环割等，提高坐果率，丰产有望。

（7）病虫防治　主要害虫有蚜虫、粉虱、红蜘蛛等，病害为穿孔病，应注意综合防治。

（8）加强肥水管理。

（四）杏树设施栽培工作历

103. 杏树设施栽培周年如何管理？

杏树设施栽培2～3年管理工作历如表6-3所示。该工作历可以系统指导果农进行日光温室杏树的栽培。

表6-3　杏树设施栽培周年管理历（2～3年）

月份	物候期	作业项目	技术要点
3～4月	萌芽前后	定植	①栽植密度　单行栽制：1 m×1.5 m应挖深、宽各60 cm的定植沟。 ②定干与刻芽促枝　定干高度50～70 cm（其中主干高30～50 cm，由南向北依次增高）并对计划培养主枝的芽刻芽
4月中旬至6月下旬	新梢生长	修剪	①树形　多采用多主枝开心形。 ②抹芽　主枝部位所发萌芽全部抹除。 ③摘心、拿枝　主枝新梢长达50 cm时摘心，并拿枝开角40°～60°，下大上小，其余萌发新梢一律扭拿至水平状态。对摘心后所发副梢，除主枝延长枝外，其余长至20～30 cm时摘心，并连续进行培养果枝
		肥水管理	①土壤追肥　杏树新梢长15 cm时追肥，每株施尿素50 g，1个月后再进行一次；追肥后随即灌水，并及时中耕松土。 ②叶面喷肥　自5月初至7月上旬间隔15 d连续喷2～3次0.5%尿素＋0.4%磷酸二氢钾

续表6-3

月份	物候期	作业项目	技术要点
		病虫防治	①蚜、螨 5月上旬开始预防视病虫发生及危害情况间隔15~20 d喷一次。蚜虫可用一遍净1 000倍，螨虫可用5%齐螨素8 000倍，5%尼索朗1 500倍或20%螨死净2 500倍，有二点叶螨（白蜘蛛）可喷25%三唑锡1500倍。 ②潜叶蛾 可用灭幼脲3号1 000倍。 ③穿孔病 可用65%代森锌500倍、农用链霉素3 000倍等。注意药剂的合理配合和药剂的交替使用，以减少喷药次数和病虫的抗药性
7月至8月中旬	新梢生长花芽分化	病虫防治	同5~6月份
		追肥灌水	7月初，每株施复合肥150~200 g，追肥后马上灌水，及时中耕除草松土。8月初再株施硫酸钾200 g。7月中开始半月一次，喷300倍磷酸二氢钾，直到9月底
		整形修剪	重点是拉枝开角、副梢摘心和扭旺梢，方法要点同5—6月份
		控长促花	7月15~20日喷200~300倍多效唑（PPP$_{333}$），连喷2~3次、间隔15 d左右，直至叶片皱折，新梢停长后为止。若应用B$_9$1 000 mg/kg喷布还具有减少雌花败育的功能，效果更佳
9~10月	花芽分化根系生长	施基肥	株施有机肥20 kg，磷酸二铵50 g，沟施施肥后灌一次透水、灌水后中耕松土
		病虫防治	重点是粉虱和浮尘子，可用5%蚜虱净3 000倍液进行防治
10月下旬至11月中旬	落叶休眠	清扫落叶	人工落叶后将叶扫净
		扣膜盖草帘子	11月初扣棚膜，盖草帘，全天保持通风，草帘白天盖，夜里揭，以降低温室内温度到7.2℃以下，即进入休眠，湿度保持80%~90%
		修剪	冬剪在升温后进行，此次冬剪主要是疏除竞争枝、过密枝和过弱枝，调整树体结构和花芽
12月	休眠到萌芽前	喷药	冬剪后喷5波美度石硫合剂，防治各种病虫源
		温、湿度管理	约在12月下旬到1月上旬。在升温的初期7~10 d中，草帘可揭一帘盖一帘，使温湿度缓慢上升，白天18℃左右，夜里5~8℃，以后逐渐上升到25℃左右。湿度60%~80%
		追肥灌水	每株追施尿素50 g，追肥后及时灌透水。追肥前揭开地膜，灌水后中耕松土后再盖地膜

续表 6-3

月份	物候期	作业项目	技术要点
1 月	萌芽开花前	防治蚜虫	萌芽后及时防治蚜虫，喷 10%一遍净 1 000 倍液
		温、湿度管理	温度最高 18~20℃，最低 5~8℃，湿度 50%~65%
2 月	开花期	花果管理	①人工授粉。②放蜜蜂：334 m² (半亩) 温室放蜜蜂一箱。③花期喷赤霉素 50 mg/kg
		温、湿度	开花期、温度以 15~18℃为宜，最高 20℃，最低 5℃，湿度 45%~65%
		病虫防治	落花后防治蚜虫、红蜘蛛、穿孔病，喷 10%一遍净 1 000 倍加 20%满死净 2 000 倍＋65%代森锌 500 倍
3 ~ 4 月	新梢生长幼果膨大	温、湿度	新梢生长期、硬核期，温度最高 25~28℃，最低 10℃，湿度 60%以下
		夏剪	用摘心、扭梢、拿枝等方法控制直立、竞争枝，控长促短、适当疏密，解决光照，促进果实生长。留果量按计划株产算出每株留果个数加 20%为一株留果量，壮树壮枝多留，弱树弱枝少留
		追肥灌水	脱萼后，株施尿素 50 g，硫酸钾 50 g，追肥后及时灌水，中耕松土。在果实膨大期，株施复合肥 50 g，硫酸钾 50 g，马上灌水，中耕松土
		温、湿度	果实膨大期，最高温度 28℃，最低温度 10℃，湿度 60%以下
		病虫防治	红蜘蛛、潜叶蛾可喷 5%尼索朗 1 500 倍加灭幼脲 3 号 1 500 倍。如有穿孔病发生喷农用链霉素 3 000 倍
5 ~ 6 月	果实成熟采收	温、湿度管理	果实采收前、最高温度 30℃，最低温度 10℃，湿度 60%以下。外界夜温最低在 10℃以上可解除棚膜
		灌水	灌小水，促果实发育
		夏剪	同 3 月
		采收	果实用手指捏有弹性感时，应采收
		整形修剪	果实采收后，按既定树形进行整形修剪。疏除过长、过大的骨干枝，维持树体结构，留足 50 cm 无枝带，控制结果部位外移，其他夏剪方法同前
7 ~ 10 月	新梢生长	施肥灌水	同前
		修剪	同前
		病虫防治	同前

七、李树设施栽培

（一）品种选择

104. 品种选择的依据是什么？

设施栽培品种选择应以果实成熟期早，个大、色好、味浓、品质优良，需冷量低、易于通过自然休眠期，在高温、低光照条件下能正常生长结果，抗病力强，丰产性好、便于管理为原则。李树自花结实力很低，在选择授粉品种时，要选择与主栽品种亲和力强的、适宜设施栽培的品种2~3个。

105. 优良品种有哪些？

主栽的优良品种如下（表7-1）。

表7-1 李树设施栽培优良品种

品种名称	成熟期	果型	色泽	单果重（g）	备注
早美丽	6月中旬	心脏形	鲜红	45~75	香气浓、品质上
红美丽	6月下旬	圆形	红色	56.9	丰产、稳产
巨早李	6月下旬	稍尖圆形	浅绿透红	135	核小、汁多极甜
大石早生	6月下旬	卵圆形	鲜红	49.5	结果早、丰产
蜜思李	7月上旬	近圆形	紫红	50~85	核小、香浓
大石中生	7月下旬	椭圆形	鲜红	65.9	丰产性强于早生
将军红	6月上旬	近心形	紫红	76.0	自花结实、丰产
玉红李	6月上旬	扁圆形	红霞	87.0	盖县大李枝变
长李15号	6月中旬	扁圆形	紫红	35.2	丰产、耐运

(二) 生长结果习性 (与桃树比较)

106. 生长特性有哪些?

根系发达、但分布较广,易生根蘖、耐旱能力相对较差。萌芽、成枝力中等 (较桃弱比杏强),潜伏芽极易萌发。

107. 开花结果习性有哪些?

花芽侧生、纯花芽,芽内小花数因种类不同而异 (中国李 2~3、美洲李 2~5、欧洲李 1~2、杏李 1~3)。以短果枝、花束状果枝结果为主,其中 2~4 年生枝段上的花束状果枝结果最好。花束状果枝结果当年可继续向前延伸形成新的花束果枝 (图 7-1),连续结果 4~5 年,因此其结果部位稳定,外移不明显。自花结实能力极低,需配置授粉树。

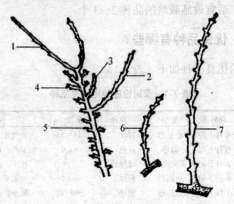

图 7-1 李树枝条类型

1. 发育枝 2. 长果枝 3. 中果枝 4. 短果枝
5. 花束状果枝 6. 瘦弱枝 7. 徒长枝

（三）栽培管理技术

108. 栽植方式和密度有哪些特点？

李树较桃成花稍晚，一般需要2年，因此栽植方式基本有两种，一是在苗圃培育2～3生成花大苗，春季栽植，当年秋扣棚，翌年即投入生产；二是直接在设施地内栽植一年生苗，培育2～3年，成花后再建棚室生产。栽植密度因所用砧木、品种、采用树形和设施条件不同而异，一般行距1.5～3 m、株距1～1.5 m。日光温室南北行栽植、受光均匀。

109. 对苗木的要求有哪些？

据辽宁经验，设施栽植李苗宜用小黄李和毛樱桃作砧木，嫁接后树体矮小紧凑，方便管理。

苗木质量好坏直接影响栽植成活率和生长结果早晚，要求苗木品种纯正，接口愈合良好，地上部充实健壮；高度大于90 cm，接口上10 cm处直径大于0.7 cm，接口以上40～80 cm的整形带内芽饱满而健壮，若整形带内有副梢、其上也要有饱满芽；根系发育良好，无严重病虫害和机械伤。

110. 如何进行授粉树配置？

要求授粉品种，能相互授粉亲和，经济价值都较高，开花时间相同，自身花粉量要大。在一栋设施内最好配置2～3个授粉品种。

111. 土壤改良与促活技术有哪些？

栽前要进行土壤改良，增施有机肥，可挖大穴（直径、深度各 0.6～0.8 m）或顺行向挖栽植沟（宽、深各 0.6～0.8 m），株施优质、充分腐熟有机肥 60～80 kg。

栽前用生根粉处理苗木根系，栽后树盘覆地膜增温保墒，能提高成活率和促进生长，成花大苗移栽效果更好，应推广应用。

112. 栽植到扣棚升温前如何培养树形？

此期约 1～2 年，一般需 2 年。

（1）自然开心形　适于树姿开张、生长势中庸的品种。

基本结构（图 7-2）：主干高 30～40 cm，无中心干，主干上向四周均匀着生 3～4 个间距为 15～20 cm 的主枝。第一主枝基角开张 60°～70°，其后腰角调整到 40° 左右；第二主枝基角45°～50°、腰角调整到 35°；第三主枝直接以分枝角 30° 姿势斜上伸展。

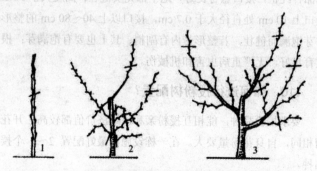

图 7-2　李树自然开心形成型过程

1. 苗木定植后定干状　2. 第二年冬剪状　3. 第三年冬剪状

培养要点：苗木距地面 60～70 cm 定干；栽植当年冬剪时，对各主枝进行选定和短截，剪留长度为全枝长 2/3 左右，分枝角度小者，适当撑拉；第二年冬仍将主枝延长枝轻度短截，对主枝上的直立枝、竞争枝疏除，其余枝条缓放，促成结果枝组结果。

（2）改良主干形　适于干性较强品种和较高密度栽培应用。

基本结构：干高 30～40 cm，中心干保持优势生长，其上配置 7～8 主枝，主枝近水平生长，枝间距 30 cm 左右，主枝上直接着生结果枝组结果，树高控制 2.5 m 左右。

培养方法：定植当年距地面 60 cm 定干，其中 30 cm 整形带；栽植当年冬剪时，在整形带内选择 3～4 个生长较强、方位适宜者作中心干和主枝，中心干留 50～60 cm 短截，主枝分枝角度小者开张到 80° 左右，并轻度短截（保留 2/3），其余枝条缓放，过密者可疏除，有空间的拉平缓放，整形带以下萌芽全部抹除；第二年生长季，在中干上再选出 3～4 个主枝，当其长到 50～60 cm 时拉平，其余萌枝、密者疏除，有空间的拉平；对所留主枝上萌枝、竞争枝、背上直立旺枝、过密枝及早抹除，其余的也一律拉平；结合 PP_{333} 等生长抑制剂的应用，缓势促花、培养结果枝组。

（3）V 字形　主干高 20～30 cm，两大主枝错落或对生，向行间伸展，两主枝间平面夹角 90° 左右。适用于温室前底角的植株。

113. 栽植到扣棚升温前如何进行肥水管理？

加强肥水管理是促使树体早成形、早成花结果的关键，定植到扣棚升温前的 1～2 年间，要求早春萌芽前株施优质复合肥（N15%、$P_2O_5$7.5%、K_2O 7.5%）0.3～0.5 kg；6 月中下旬开始叶面喷施 0.3%尿素＋0.2%磷酸二氢钾，间隔半月左右，连喷 2～3 次；8 月中下旬开始早秋施基肥，株施优质农家肥 15～20 kg。灌水重点抓住萌芽前后和土壤封冻前,以保证枝叶生长和安全越冬,防止抽条;其余时间视土壤墒情而定,雨季尚需注意排水防涝。

114. 如何进行扣棚及升温?

升温必须在李树高质量完成其自然休眠的前提下开始,它要求一定的低温条件才能通过。北方的李树自然休眠期大约在 11 月上旬至翌年 1 月中旬,在平均温度 0.6～4.4℃范围内进行。中国李的需冷量多在 700～1 000 h,北京地区 12 月中下旬基本可通过自然休眠期。

据报道,休眠芽的形成与暗期长短有关,暗期缩短,休眠芽形成推迟。所以北方果农在设施栽培中,树体自然落叶后就将棚扣上,盖上草苫,打开北面窗口,使树体处于黑暗的低温环境中,大约一个月左右,可提高树体休眠的质量。

基于上述情况,京郊地区应在 10 月下旬至 11 月上旬扣膜盖苫,12 月下旬揭苫升温为宜。

115. 扣棚升温后如何进行温、湿度管理?

李树不同生育期对温、湿度要求不同(表 7-2),可参照实施。

表 7-2　李树各生育期适宜温、湿度

生育期	温度(℃)		湿度(%)		备注
	昼	夜	昼	夜	
升温至萌芽	13～15	0～2	50	90	
萌芽至开花	13～15	>3	40	80	
开花期	18～20	5～7	35	60	
果实膨大期前期	22	8～11	40	60	
果实膨大期后期	23～26	10～15	35	60	
成熟期	25～28	10	30	50	

（1）开始升温时应逐渐揭开草苫　先揭 1/4、1/3、1/2，经 7～10 d 后全部揭开直至开花前均实行适度低温管理，室内最高温不宜超过 20℃，防止地温滞后。

（2）开花期对湿度十分敏感　在保证所需温度的前提下，应适当加大放风量和放风时间，严格控制地面灌水，注意夜间保温。

116．扣棚升温后如何进行整形修剪？

（1）休眠期修剪　在扣棚前进行，目标是维持树体的良好结构，留足健壮结果枝，平衡生长结果关系。要点是：

①多疏、少截、多缓，严格控制修剪程度，切忌修剪过重。疏枝重点是细弱枝、病虫枝、徒长枝、重叠枝和密挤遮光的无用枝，对树冠外围枝条应疏强留弱、去直留斜，改善内膛风光；保留枝以缓放为主，尽量少用短截，需短截者也宜轻不宜重。

②适当缩剪、复壮枝组，维持最佳年龄段（2～3 年）结果。重点用于结果枝组和老弱枝的更新，控制树体高度和大小，过密衰弱枝组也可疏除。

③结果枝修剪要注意留枝密度，一般果枝间距拉开 12～15 cm，互不交叉重叠。

（2）生长季修剪　要点是：萌芽后，将位置不当、生长过密的萌芽及早抹除；新梢长到 30～40 cm 时，对主枝背上旺枝摘心，促发中庸分枝，过密者疏除；处理竞争枝时，疏、扭结合，缓势促花，防止扰乱树形和通风透光；果实采收后，要适度回缩过高、过大骨干枝，平衡枝势，控制树体大小，缩剪复壮衰弱的结果枝组，促发新枝；6 月中下旬，拉枝、疏密，同时叶面喷施 PP_{333} 等生长抑制剂（100～300 mg/kg 2～3 次，间隔半个月）控长促花。

117. 扣棚升温后如何进行花果管理？

设施栽培条件下，李树花期较露地长 5～7 d，此期栽培任务主要是，人工辅助授粉或者放蜂授粉，严格控制温、湿度，保证充分授粉受精和坐果。当幼果长到蚕豆大小时，进行疏果，果间距拉开 7 cm 左右即可。5 月上中旬，随外界温度的升高，应逐渐加大通风，待树体基本适应外界环境后，可揭掉薄膜，妥善保存。

118. 扣棚升温后如何进行肥水管理？

萌芽前追肥，以氮为主，株施优质复合肥 0.3～0.5 kg；果实脱萼后追肥，以磷钾为主，土壤施与叶面喷施相结合，株施钾肥 0.3 kg 左右；果实采收后追施复合肥，旺树适当控氮。秋季施基肥，株施优质农家肥 30～50 kg。灌水与施肥结合进行。

119. 扣棚升温后如何进行病虫防治？

（1）流胶病　被害树干、枝条在春季陆续分泌出透明的树胶。干后呈黄褐色黏在枝干上。流胶处常呈肿胀状，皮层和木质部变褐、腐烂。极易再为其他腐生菌所感染，严重削弱树势。果实流胶病多发生在虫伤伤口处，由核内分泌黄色胶质，树胶粘在果面上，使果实生长停滞，品质下降。引起李树流胶病的病因较多，既有真菌的感染引起，也有细菌引起。但多由树体伤害所引起，如虫伤、日灼和机械伤等。在高接换种或大枝更新时常易引起流胶病。夏季修剪过重、农药药害、氮肥过量也能诱发流胶病。

防治方法以综合防治为主，加强栽培管理；合理修剪，减少枝干伤口；大的剪口或锯口要涂抹防腐剂，以保护伤口不受感染；及时消灭枝干害虫，控制氮肥的施用量，于升温后、发芽前刮除病部，伤口涂抹 5 波美度石硫合剂或 40%福美砷 50 倍液，然后涂抹伤口保护剂。

（2）褐腐病　褐腐病又称果腐病、菌核病、灰腐病、实腐病。主要危害果实，也危害花和枝梢。为真菌病害，果实近成熟时最易感此病。防治方法应及时清除僵果，集中深埋或烧毁剪除的病枝，以减少菌源；发芽前喷 5 波美度石硫合剂；幼果期喷布 65%福美锌（什来特）或 65%福美铁（福美特）400 倍液，每 10～15d 喷 1 次，连续喷 3 次。400～500 倍代森锌液也有效。在果实近成熟时喷 36%甲基硫菌灵悬浮剂 500 倍液或 50%苯菌灵可湿性粉剂 1 500 倍液、70%甲基托布津可湿性粉剂 600～800 倍液、60%防霉宝可湿性粉剂 800 倍液、70%甲基硫菌灵超微可湿性粉剂 1 000 倍液、65%抗霉灵可湿性粉剂 1 500～2 000 倍液。采果后喷 800 倍退菌特可控制枝叶的感染。

（3）细菌性穿孔病　在棚内因湿度较大易感病，严重时造成叶落枝枯，削弱树势。细菌性穿孔病主要危害叶片，也能侵染果实和枝梢。防治方法：清除病叶、病枝，集中烧毁；发芽前喷 5 波美度石硫合剂或 45%晶体石硫合剂 30 倍液或 1∶1∶100 倍波尔多液、30%绿得保胶悬剂 400～500 倍液；展叶后发病前，喷 72%农用链霉素可溶性粉剂 3 000 倍液或硫酸链霉素 4 000 倍液。65%福美铁或 65%代森锌 300～500 倍液，硫酸锌石灰液（硫酸锌 0.5 kg、消石灰 2 kg、水 120 kg）也有防治效果。

（4）炭疽病　炭疽病在露地栽培危害不多，而在棚内栽培发病较多。果实近成熟时发病，病斑圆形、褐色、稍凹陷，软腐。全果发病后期呈干缩状。防治方法：冬季剪除残留在树上的干缩病果，生长期及时摘除，埋掉病果；改善通风透光条件，降低棚内湿度；芽萌动期喷 1∶1∶100 波尔多液或 3～4 波美度石硫合剂混合 0.3%五氯酚钠；落花后，每隔 10 d 喷 1 次药，共喷 3～4次。药剂有 50%退菌特可湿性粉剂 600 倍液、80%炭疽福美可湿性粉剂 800 倍液、75%百菌清可湿性粉剂 600 倍液等。

（5）蚜虫　成、若蚜群集寄生在芽、叶、嫩梢上吸取汁液，被害叶片向背面不规则卷曲皱缩，叶色变黄，以致干枯；其分泌的蜜露易诱发煤污病。防治方法：保护利用天敌，是防治蚜虫很好的方法之一，既经济，又有效。自然天敌如瓢虫、草蛉、食蚜蝇、蚜茧蜂等，对其发生有较好的控制作用，避免在天敌活动高峰期喷洒广谱性农药。在发芽前，喷洒 95%蚧螨灵乳油（机油乳剂）50～100 倍液，杀越冬卵的效果较好，而且对天敌安全。树上喷药：从发芽至开花前，越冬卵大部分孵化时，喷洒 2.5%溴氰菊酯乳油 2 500～3 000 倍液或 20%氰戊菊酯乳油 2 000～2 500 倍液，或 30%桃小灵乳油 2 500 倍液。另外，一遍净 2 000 倍也有较好效果。

（6）红蜘蛛　成、幼、若螨在叶背吸食汁液，并结成丝网。初期叶面：出现零星褪绿斑点，严重时遍布白色小点，叶面变为灰白色，全叶干枯脱落。农业防治：清除枯枝落叶，耕整土地，消灭越冬虫源。合理灌溉和增施磷肥，使植株健壮，提高抗螨害能力。药剂防治：加强虫情检查，当点片发生时即进行防治，如已蔓延到整个棚室，则应全田喷药。在越冬雌成螨出蛰上芽期，可喷 50%硫悬浮剂 200～400 倍液，在第一代卵高峰期，喷洒 20%螨死净胶悬剂 3 000 倍液，5%尼索朗乳油 2 000 倍液，50%阿波罗胶悬剂 6 000 倍液。

（7）潜叶蛾　每年发生 5～7 代，以成虫在枝干皮缝、落叶及杂草中越冬，李展叶后成虫开始产卵，卵产在叶背表皮内。幼虫孵化后在叶组织内潜食危害。温室揭膜前很少发生，多发生在揭膜以后。防治方法：可用灭幼尿 3 号 1 000～1 500 倍，30%蛾螨灵可湿性粉剂 1 000 倍液。

李树设施栽培病虫综合防治措施见（表 7-3）。

表 7-3　李树综合防治历

物候期	防治措施
休眠期	剪除病虫枝叶果，彻底清园，翻树盘
升温前	喷 3～5°石硫合剂
开花前	树干周围培土，防地下害虫出土；地面施药，消灭土中越冬害虫
落花至果实成熟	喷杀虫、杀螨剂，防治毛虫害螨；喷杀菌剂，防穿孔病；剪病虫枝，清除病虫果；糖醋液诱杀成虫
果实采收至落叶	清除病虫果，喷杀虫、杀螨、杀菌剂，防治后期病虫害螨；清园

120．李树设施栽培的关键技术有哪些？

（1）品种选择　目前适宜北京地区栽培的品种有：早美丽、红美丽、大石早生、蜜思李、玉红李等。

（2）定植　株距×行距为（1～1.5）m×（1.5～3）m。应用树形有自然开心形、V 字形和改良主干形。

（3）配置授粉树　李树自花结实力低，必须配置授粉品种，最好能选择 2～3 个可以互相授粉的优良品种栽植。

（4）温湿度控制　花期适宜温度 18～20℃；适宜湿度 35%～60%。

（5）保成活，促生长　定植前，施足底肥，定植后，立即浇水，半个月后，再浇水一次，保证树体的肥水供应，提高成活率。当新梢生长达到 50 cm 时，选择方位适合，角度适宜，生长均衡的 4～5 个新梢，作为主枝，并对其摘心，促发分枝，以形成结果枝组。其余枝条缓放。

（6）控旺长，促成花　通过生长季修剪，摘心、拿枝、环割、甩放等措施，促进花芽的形成，控制树体旺长。

（7）缓树势，保坐果　采取适量修剪，轻剪缓放。开花前喷赤霉素，盛花期喷硼酸，坐果后进行主干环割等，提高坐果率。

（8）病虫防治　主要害虫有蚜虫、粉虱、红蜘蛛等，病害为果实褐腐病、炭疽病、穿孔病等，应注意综合防治。

（9）肥水管理　施足底肥，并加强追肥。

（四）李树设施栽培工作历

121. 李树设施栽培周年如何管理？

李树设施栽培2～3年管理工作历如表7-4所示。该工作历可以系统指导果农进行李树的设施栽培。

表7-4　李树设施栽培周年管理历（2～3年）

月份	物候期	作业项目	技术要点
3～4月	萌芽前后	定植	①栽植密度　单行栽植：1 m×1.5 m应挖深、宽各60 cm的定植沟。 ②定干　高度30～40 cm，按温室南低、北高一面坡式。2～3年培养4～5个主枝。 ③配置授粉树　同一温室内配置2～3个授粉品种
4月中旬至6月下旬	新梢生长	修剪	①树形　多采用多主枝开心形。 ②抹芽　主干部位所发萌芽全部抹除。 ③摘心、拿枝　预定主枝新梢长达50 cm时摘心，并拿枝开角到40°～60°左右，下大上小，其余萌发新梢一律扭拿至水平状态。对摘心后所发副梢，除主枝延长枝外，其余长至20～30 cm时摘心、并连续进行培养果枝
		肥水管理	①土壤追肥　李树新梢长15 cm时追肥，每株施尿素50 g，一个月后再进行一次；追肥后随即灌水，并及时中耕松土。 ②叶面喷肥　自5月初至7月上旬间隔15 d连续喷2～3次0.5%尿素＋0.4%磷酸二氢钾

续表 7-4

月份	物候期	作业项目	技术要点
4月中旬至6月下旬	新梢生长	病虫防治	①蚜、螨 5月上旬开始预防，视病虫发生及危害情况间隔15～20 d喷一次。蚜虫可用一遍净1 000倍，螨类可用5%齐螨素8 000倍，5%尼索朗1 500倍或20%螨死净2 500倍，有二点叶螨（白蜘蛛）可喷25%三唑锡1 500倍。 ②潜叶蛾 可用灭幼脲3号1 000倍，30%蛾螨灵可湿性粉剂1000倍液。 ③穿孔病 可用65%代森锌500倍、农用链霉素3 000倍等。注意药剂的合理配合和药剂的交替使用，以减少喷药次数和病虫的抗药性
7月至8月中旬	新梢生长 花芽分化	病虫防治	同5～6月份
		追肥灌水	7月初，每株施复合肥150～200 g，追肥后马上灌水，及时中耕除草松土。8月初每株施硫酸钾200 g。7月中旬开始半个月一次，喷300倍磷酸二氢钾，直到9月底
		整形修剪	重点是拉枝开角、副梢摘心和扭旺梢，方法要点同5～6月份
		控长促花	7月15—20日喷200～300倍多效唑（PPP₃₃₃），连喷2～3次、间隔15d左右，直至叶片皱折，新梢停长后为止。若应用B₉1 000 mg/kg喷布还具有减少雌花败育的功能，效果更佳
9～10月	花芽分化 根系生长	施基肥	株施有机肥20 kg，磷酸二铵50 g，沟施基肥后灌一次透水，灌水后中耕松土
		病虫防治	重点是粉虱和浮尘子，可用5%蚜虱净3 000倍液进行防治
10月下旬至11月中旬	落叶休眠	清扫落叶	人工落叶后将叶扫净
		扣膜盖草帘子	11月初扣棚摸，盖草帘，全天保持通风。草帘白天盖，夜里揭，以降低温室内温度到7.2℃以下，即进入休眠，湿度保持80%～90%
		修剪	冬剪在升温后进行，此次冬剪主要是疏除竞争枝、过密枝和过弱枝，调整树体结构和花芽
12月	休眠到萌芽前	喷药	冬剪后喷5°石硫合剂，防治各种病源
		温、湿度管理	约在12月下旬到1月上旬。在升温的初期7～10 d中，草帘可揭一帘盖一帘，使温度缓慢上升，白天15℃左右，夜里3～5℃，以后逐渐上升到18℃左右。湿度60%～80%
		追肥灌水	每株追施尿素50g，追肥后及时灌透水。追肥前揭开地膜，灌水后中耕松土后再盖地膜

续表 7-4

月份	物候期	作业项目	技术要点
1月	萌芽开花前	防治蚜虫	萌芽后及时防治蚜虫，喷 10%一遍净 1 000 倍液
		温、湿度管理	温度最高 18～20℃，最低 5～8℃，湿度 50%～65%
2月	开花期	花果管理	①人工授粉。②放蜜蜂：334 m² (半亩) 温室放蜜蜂一箱。③花期喷赤霉素 50 mg/kg
		温、湿度	开花期，温度以 15～18℃为宜，最高 20℃，最低 5℃，湿度 45%～65%
		病虫防治	落花后防治蚜虫、红蜘蛛、穿孔病，喷 10%一遍净 1 000 倍＋20%满死净 2 000 倍＋65%代森锌 500 倍
3～4月	新梢生长幼果膨大	温、湿度	新梢生长期、硬核期，温度最高 25～28℃，最低 10℃，湿度 60%以下
		夏剪	用摘心、扭梢、拿枝等方法控制直立、竞争枝，控长促短、适当疏密，解决光照，促进果实生长。留果量按计划株产算出每株留果个数加 20%为一株留果量，壮树壮枝多留、弱树弱枝少留
		追肥灌水	脱萼后，株施尿素 50 g，硫酸钾 50 g，追肥后及时灌水，中耕松土。在果实膨大期，株施复合肥 50 g，硫酸钾 50 g，马上灌水，中耕松土
		温、湿度	果实膨大期，最高温度 26℃，最低温度 10℃，湿度 60%以下
		病虫防治	红蜘蛛、潜叶蛾可喷 5%尼索朗 1 500 倍＋灭幼脲 3 号 1 500 倍。如有穿孔病发生喷农用链霉素 3 000 倍
5～6月	果实成熟采收	温、湿度管理	果实采收前，最高温度 28℃，最低温度 10℃，湿度 60%以下。外界夜温最低在 10℃以上可解除棚膜
		灌水	灌小水，促果实发育
		夏剪	同 3 月
		采收	果实用手指捏有弹性感时，应采收
		整形修剪	果实采收后，按既定树形进行整形修剪。疏除过密枝，缓放中庸枝，维持树体结构，留足 50 cm 无枝带，控制结果部位外移。夏剪：主要是摘心、扭梢、拿枝、疏密等
7～10月	新梢生长	施肥灌水	同前
		修剪	同前
		病虫防治	同前

参 考 文 献

[1] 汪晓云. 观光农业与观光栽培的几大影响因素. 农业工程技术（温室园艺，2011（7）.

[2] 王旭强，孙永涛，胡建新. 红颊草莓栽培技术. 现代农业科技，2011（2）.

[3] 高贵涛. 设施草莓花果期管理技术. 落叶果树，2010（5）.

[4] 邵美红，廖益民，吴民. 草莓大棚套种甜糯玉米高效栽培技术. 现代农业科技，2008（7）.

[5] 冯磊. 杏树保护地丰产栽培技术研究[D]. 山东农业大学；2009.

[6] 高清华. 油、蟠桃设施栽培关键技术及其生理基础研究. 南京农业大学（硕士学位论文），2004.

[7] 杨恒，魏安智，杨途熙，等. 果树设施栽培的特点、现状及发展趋势；陕西林业科技，2003（2）.

[8] 吕德国，刘国成，杜国栋. 日光温室甜樱桃生长发育节律研究. 园艺学报，2002（5）.

[9] 吴兰坤，黄卫东，战吉成. 弱光对大樱桃坐果及果实品质的影响. 中国农业大学学报，2002（3）.

[10] 杜建厂. 葡萄设施栽培及其环境因子相关性研究. 南京农业大学（硕士学位论文），2001.

[11] 贺痰盂昭，罗国光. 葡萄栽培. 北京：中国农业出版社，1994.

[12] 于绍夫. 大棚樱桃. 北京：中国农业出版社，1999.